Ein Buch aus der Reihe

# Management konkret



management-konkret.de

Günter Schweiger
Gertraud Schrattenecker

# Online-Werbung für Einsteiger

## Marketing konkret

UVK Verlagsgesellschaft mbH · Konstanz

**Prof. Dr. Günter Schweiger** ist Universitätsprofessor am Institut für Werbewissenschaft und Marktforschung an der Wirtschaftsuniversität (WU) Wien.
**Dr. Gertraud Schrattenecker** ist Marketing- und Kommunikationsberaterin sowie Lektorin an der Wirtschaftsuniversität (WU) Wien.

Bibliografische Information der Deutschen Bibliothek
Die Deutsche Bibliothek verzeichnet diese Publikation in der Deutschen Nationalbibliografie; detaillierte bibliografische Daten sind im Internet über <http://dnb.ddb.de> abrufbar.

**ISBN 978-3-86764-531-7**



Lektorat: Rainer Berger
Einbandgestaltung: Susanne Fuellhaas, Konstanz
Einbandmotiv: © aleksangel - Fotolia.com.jpg
Printed in Germany

UVK Verlagsgesellschaft mbH
Schützenstr. 24 · 78462 Konstanz
Tel. 07531-9053-0 · Fax 07531-9053-98
www.uvk.de

# Vorwort

In den letzten Jahren hat sich die Medienlandschaft grundlegend geändert. Die Online Kommunikation ist zu einem festen Bestandteil der Marketing-Kommunikation geworden und gewinnt durch die vielfältigen Möglichkeiten des Web 2.0 zusätzlich an Bedeutung. Die Möglichkeiten und Kommunikationsprinzipien der Web 2.0 bzw. Social Media Kommunikation erfordern von den werbetreibenden Unternehmen ein Umdenken in ihrem Marketing-Kommunikationsverständnis.

Das vorliegende Buch schafft einen Einblick in die für das Marketing relevanten Online-Kommunikationsinstrumente und stellt einen Bezug zu Marketingthemen her:

- Nach einer kurzen Darstellung der Online-Kommunikationsprinzipien wird das Internet-Nutzungsverhalten der Konsumenten durchleuchtet.
- Charakteristika und Vielfalt der Online-Kommunikationsinstrumente werden herausgearbeitet und deren Einsatzmöglichkeiten im Rahmen der Marketing-Kommunikation aufgezeigt. Dabei wird auch den wesentlichen Formen der Social Media Kommunikation – wie Blogs, Foren, soziale Netzwerke, Wikis, virtuelle Welten usw. – besonderes Augenmerk geschenkt und ihre Relevanz für die Marketing-Kommunikation dargelegt.
- Die Erfolgskontrolle der Online Kommunikation geht auf die Reichweiten-Messung von Websites als Werbeträger ein und stellt auch Indikatoren zur Effizienzmessung von Social Media vor.
- Abschließend werden rechtliche Bestimmungen, die für die Online Kommunikation bzw. Werbung im Internet relevant sind, vorgestellt.

Das Buch ist als Einstieg in die Online-Kommunikation für Marketer gedacht und soll allen für Marketing-Kommunikation

Verantwortlichen sowie Studenten einen kompakten Überblick über das breite Themenfeld liefern.

Die Autoren danken an dieser Stelle Herrn Rainer Berger vom UVK Lucius Verlag, der dieses Buch ermöglicht und auch beharrlich vorangetrieben hat.

Möge das Lesen Spaß machen und Anregungen für die eigene Kommunikationsarbeit oder auch Anstoß zur Vertiefung in die Thematik geben.

**Univ.-Prof. Dr. Günter Schweiger**

*Professor für Werbewissenschaft*
*Wirtschaftsuniversität Wien*

**Dr. Gertraud Schrattenecker**

*Marketing- und Kommunikationsberaterin*

*Lektorin*
*Wirtschaftsuniversität Wien*

# Inhalt

# 1 Grundwissen zum Internet

Die Digitalisierung von statischen Informationen (Text, Daten, Bild) und dynamischen Informationen (Audio, Video) und die Verbindung Telekommunikation und Informations-Technologie führte zum Zusammenschluss mehrer Computer zu einem Netzwerk. Diese Vernetzung bildete den Ausgangspunkt für die Online-Kommunikation. Das inzwischen bekannteste Netzwerk stellt das historisch gewachsene **Internet** dar.

Internet ist ein weltweit verbreitetes System zur Daten-, Text- und Bildkommunikation. Rein technisch gesehen ist das Internet die Summe aller Rechner und Geräte, die weltweit mittels Kabelsystemen und Satelliten als Übertragungsmedien untereinander verbunden sind, und eine gemeinsame Standardprozedur zum Informations-Austausch benutzen (das TCP/IP **T**ransmission **C**ontrol **P**rotocol/**I**nternet **P**rotocol), die die technischen Regeln für die Kommunikation innerhalb des Netzwerkes festlegt – unabhängig von der verwendeten Hard- oder Software.

Das Internet ist ein freiwilliger weltweiter Zusammenschluss von Computern, das niemandem gehört. Einzig die weltweit agierenden Network Information Center (**NIC**) koordinieren das Internet, indem sie die IP-Adressen der angeschlossenen Computer (Hosts) verwalten. Die Vergabe von IP-Adressen an die angeschlossenen Rechner ist notwendig, da Daten im Internet vor dem Verschicken in kleine standardisierte Datenpakete zerlegt werden, die – bestehend aus einer Zieladresse, dem eigentlichen Dateninhalt sowie Steuerzeichen – beim Empfänger dann später wieder zu einer Einheit gebündelt werden.

Seit den 1990er Jahren steigt die Zahl der Web-Nutzer kontinuierlich, vor allem auch im Privatbereich. 2011 nutzten 2 Mrd. Menschen das Web, um z.B. Informationen zu suchen, Nachrichten zu übermitteln, Waren einzukaufen oder sich mit Freunden auszutauschen (→ vgl. Abb. 2).

Die Bereitstellung von Informationen lag im Internet lange Zeit bei relativ wenigen Anbietern, die über technisches Know-how und über technische Infrastruktur verfügten, um eigene Web-Server zu betreiben. Wenigen Informationsproduzenten stand eine große Zahl von Informationskonsumenten gegenüber.

Die rasante Verbreitung von Breitbandanschlüssen, digitalen Videokameras, MP3-Playern, Smart TVs, Tablets und Smartphones, die auch eine mobile Internet-Nutzung erlauben und die für jedermann einfach zu handhabende Software sowie die kostenlose Nutzungsmöglichkeit von Web-Servern für Privatanwender ab Anfang des 21. Jahrhunderts machten aus dem statischen Web ein dynamisches „Mitmach"-Web, das sogenannte **Web 2.0**.

So können heutzutage Nicht-IT-Experten bequem Informationen selbst produzieren und online stellen (**User Generated Content**) z.B. in Form von Blogs, Kommentaren oder durch Veröffentlichung von Videos oder Fotos auf Community-Sites. Inhalte anderer Nutzer können bewertet, Dialoge geführt, Tipps und Meinungen abgegeben, Erfahrungen und Gedanken dokumentiert und anderen zugänglich gemacht werden.

Neben den klassischen Internetdiensten World Wide Web und E-Mail sind auch Blogs, Podcasts und Social Media Anwendungen gebräuchliche multimediale Dienste.

Das **World Wide Web** (WWW) erlaubt die Darstellung multimedialer Daten und ist somit sowohl für die Verbraucher als auch die Unternehmer ein attraktives Medium geworden.

Nachfolgend eine kurze Charakteristik des WWW: Mit der Erfindung des Hypertext Transfer Protokolls (http) – ein Übertragungsprotokoll für den Datenaustausch zwischen verschiedenen Rechnern – und des Client-Server-Systems konnten bequeme Anwendungen des Internets erschlossen werden. Ein Server ist ein Rechner, auf dem Daten gespeichert sind, ein Client ist ein Rechner, der Daten von diesen Servern mittels eines Browsers (ein Programm, das Informationen des World Wide Web grafisch am Bildschirm des Benutzers darstellt – z.B. mittels Mozilla Firefox oder Internet Explorer) abruft.

Innerhalb des WWW sind für einzelne Dokumente Adressen (URLs, Uniform Ressource Locator) vergeben, die es erlauben, Informationen rasch aufzufinden, z.B. Informationen der Firma Volkswagen (VW) sind unter der Adresse www.vw.com weltweit abrufbar.

Als relativ einfach zu verwendende Programmiersprache für das WWW dient **HTML** (Hypertext Markup Language), mit der jeder WWW-Nutzer bequem Informationsseiten (Websites) erstellen und ins „Netz“ stellen kann.

Da das World Wide Web eine rasante Verbreitung und auch breite Akzeptanz bei den Verbrauchern gefunden hat, hat sich im täglichen Sprachgebrauch die Bezeichnung „Internet“ (statt World Wide Web) eingebürgert.

## 1.1 Charakteristik der Online-Kommunikation

Das Internet unterscheidet sich in vielen Aspekten von traditionellen Kommunikations-Instrumenten. In Anlehnung an Ruisinger (2012, S. 21ff) zeichnet sich die Online-Kommunikation durch folgende Kriterien aus, die für die Werber relevant sind.

- **Schnelligkeit:** Die Informationsübermittlung erfolgt zeitnah. Selbst umfangreiche Informationen jeder Art (Texte oder Multimedia) lassen sich schnell an einen oder mehrere Empfänger gleichzeitig übermitteln. Es lassen sich rasch Meinungen einholen und Marktforschung betreiben. Aber ebenso schnell erzielen auch Fehler, Falschmeldungen oder Gerüchte über eine Marke hohe Reichweiten in der virtuellen Welt.
- **Individualität:** Online-Medien ermöglichen eine individuelle, personalisierte Ansprache von Zielgruppen oder Opinion Leader. Angesichts der immensen Informationsflut ist dieser Aspekt von besonderer Bedeutung in der Unternehmenskommunikation. In E-Mails und Newslettern lassen sich Informationen auf individuelle Bedürfnisse zuschneiden. Ebenso lässt sich Online Werbung auf sehr eng definierte Online-Zielgruppen (Targeting) abstimmen.
- **Internationalität und Ubiquität:** Im Internet gibt es weder eine zeitliche noch örtliche Einschränkung für den Informationszugriff und -übermittlung. Dies führt auf Anbieterseite zu zusätzlichem Aufwand, auf Empfängerseite zu hohen Erwartungen an die Kommunikationsfähigkeit der Unternehmen.
- **Flexibilität:** Auf einer Webseite lassen sich Inhalte und Formen kurzfristig anpassen und verändern. Diese Flexibilität schafft auch Möglichkeiten für ein vernetztes, kooperatives Arbeiten und für Interaktion und Partizipation wie z.B. in Form von Wikis, Blogs oder Sozialen Netzwerken.

- **Multimedialität:** Texte lassen sich auf den Websites mit Bildern, Grafiken, Audiodateien oder Videos in jeder Form kombinieren und z.B. Podcasts, Diashows, Filme oder Audiofiles integrieren. Durch die Multimedialität lassen sich mehrere Sinne des Nutzers gleichzeitig ansprechen und so die Wirkung der Kommunikation verbessern.
- **Selektivität:** Der Internet-Nutzer entscheidet selbst, gelenkt von seinen Vorlieben und Präferenzen, welche Informationen er abruft, vorausgesetzt die Informationen stehen online zur Verfügung.
- **Interaktivität:** Interaktivität ist ein wesentliches Merkmal des Internets, da in diesem Medium Rückkoppelungs- und Dialogmechanismen integriert sind. D.h. Medieninhalte werden nicht nur passiv konsumiert, sondern der Empfänger hat auch die Möglichkeit, sofort auf eine Botschaft zu reagieren. Insbesondere die Social Media Angebote basieren auf zeitnaher Interaktivität.
- **Authentizität:** Die authentischen Meinungen und das ungefilterte Feedback – vor allem der Social-Media Nutzer – wird von anderen Usern gesucht und gerne angenommen, um Antworten auf ihre Fragen zu finden (Online-Empfehlungen), bzw. ermöglichen Online-Plattformen ihren Nutzern, selbst Beiträge zu erstellen. Die Analyse dieser User Generated Contents können für das Unternehmen Stimmungsbilder und Trends bezüglich ihrer Marken widerspiegeln.
- **Wirtschaftlichkeit:** Durch das Medium Internet können nicht nur globale Zielgruppen rund um den Erdball kostengünstig erreicht werden, sondern es erlaubt auch, kleinste Zielgruppen wirtschaftlich anzusprechen.

## 1.2 Push- und Pull-Kommunikation

Bei den traditionellen Kommunikationsmaßnahmen (z.B. Anzeige, TV-Spot, Werbebrief) geht die Initiative vom Sender, also dem Unternehmen aus, wobei Informationen an die Zielgruppen gesandt werden. Diese **Push-Kommunikation** ist auch online möglich: in Form von Banners auf Internet-Seiten (Online-Werbung), E-Mails oder E-Mail-Newsletters können Botschaften an einen bestimmten Adressatenkreis geschickt werden. Man bezeichnet dies daher auch als klassische Online-Werbung.

Ein wichtiges Merkmal des Online-Mediaverhaltens ist jedoch, dass die Nutzer selbst aktiv werden und die für sie interessanten Informationen suchen: **Pull-Kommunikation**. Zur Suche wird selten die URL-Adresse eines Unternehmens oder einer Marke eingegeben, vielmehr werden z.B. Suchmaschinen, Portale, Bewertungsseiten oder soziale Netzwerk-Plattformen verwendet, indem bestimmte Begriffe, und mitunter auch Unternehmens- und Markennamen eingegeben werden. Als Suchergebnisse werden dabei einerseits von Firmen publizierte und daher autorisierte Informationen geliefert, andererseits eine Fülle von Beiträgen, die von anderen Internet-Nutzern produziert wurden und die Suchbegriffe abdecken.

Durch das Online-Nutzungsverhalten (→ vgl. 2) und durch die vielen Möglichkeiten der Nutzer, online aktiv zu werden und selber Inhalte zu produzieren und online zu stellen, ergeben sich für das Unternehmen mehrere Aufgaben: Einerseits hat es dafür zu sorgen, dass seine Informationen und Botschaften von den relevanten Zielgruppen auch gefunden werden (z.B. mittels Suchmaschinen-Marketing, → vgl. 3.3.) bzw. an relevante Zielgruppen weitergeleitet werden (z.B. mittels Social Media und Empfehlungs-Marketing, → vgl. 3.5). Weiters sollten Informationen in ausreichender Breite und Tiefe, abgestimmt auf die Interessen und Bedürfnisse der Zielgruppen, zur Verfügung gestellt werden (z.B. auf der Corporate Website, → vgl. 3.2, oder auf Social Media Plattformen, → vgl. 3.6).

Mit zunehmender eigener Aktivität der Online-Nutzer – vor allem auf Social Media Plattformen, auf denen die Teilnehmer sozusagen „Gespräche führen“ – auch über Unternehmen und Marken – ist es für Unternehmen wichtig, zu „hören“, was über sie gesagt wird und entsprechend an „Gesprächen“ teilzunehmen oder diese eventuell auch zu initiieren. Abb. 1 fasst die verschiedenen Instrumente der Online-Kommunikation, die oben angesprochen wurden, zusammen. Im Kapitel 3 sollen sie näher erläutert und deren Einsatzmöglichkeit dargelegt werden.

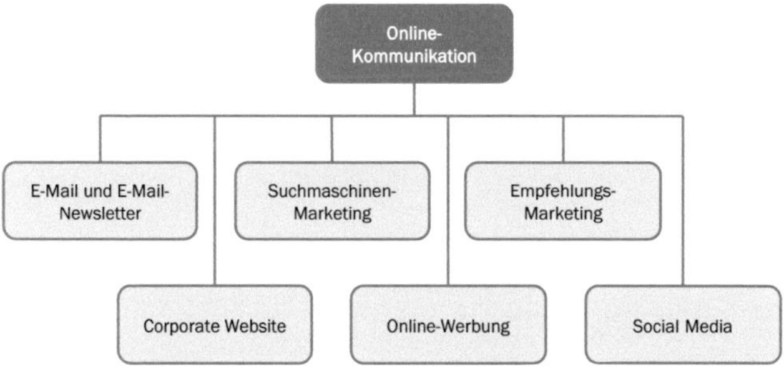


Abb. 1: Instrumente der Online-Kommunikation

Bevor ein Unternehmen entscheidet, welche Online-Kommunikationsinstrumente es einsetzt, ist die Frage zu klären, ob und in welcher Form die anzusprechenden Zielgruppen das Internet nutzen. Nutzen sie es z.B. nur zur Informationssuche und -übermittlung oder auch partizipativ, indem sie selbst Inhalte (Content) produzieren.

# 2 Online – Verhalten und Kaufentscheidungen

## 2.1 Internet-Nutzung

Nach der Nutzungsintention lassen sich die Nutzer in zielgerichtete Informationssucher (Information Seeker) und unterhaltungsorientierte Internet-Surfer unterteilen.

**Surfer** sind jene Besucher, die das Internet als Freizeitbeschäftigung oder zur Unterhaltung nutzen. Sie suchen nach interessanten, multimedial aufbereiteten Darstellungen und Animationen, nach Unterhaltung und Gewinnspielen, kostenlos abrufbaren Programmen, Spielen etc. Sie sind Mitglieder von Communities, nehmen an Chats und Diskussionsforen usw. teil. Sie sind nur schwach involviert, das Interesse an Werbung ist gering. Bei dieser Gruppe kann Werbung nur dann wirken, wenn sie sehr auffällig ist und die Aufmerksamkeit der Nutzer auf sich ziehen kann. Sie muss unterhaltend gestaltet sein, um akzeptiert zu werden, einen hohen Aufforderungscharakter haben und/oder einen zusätzlichen Anreiz bieten, um einen „Ad Click“ (Klick auf einen Werbebanner) auszulösen.

**Seeker** sind Personen, die im Internet gezielt nach Informationen suchen oder bereits den Bedarf zum Erwerb eines Produktes/Services erkannt haben, nach Kaufalternativen suchen und diese vergleichen. Sie sind hoch involviert und interessieren sich für Informationen über die entsprechenden Produkte – insbesondere für Produkt-Bewertungen anderer Nutzer. Sie beachten Banner meist überdurchschnittlich lang. Um diese Zielgruppe zufrieden zu stellen, ist die Attraktivität der Banner weniger wichtig als die Erfüllung ihrer Erwartungen, Informationen auf der dahinter stehenden Firmen- oder Markenwebsite zu finden.

Für viele Menschen ist die Nutzung digitaler Medien so selbstverständlich wie Fernsehen oder Zeitung-Lesen. Die **Internet-Nutzung** hängt sehr stark von der Bildung und vom Alter ab: 2011 waren fast 3 von 4 Deutschen online (Nonliner-Atlas S. 12ff. und ARD/ZDF-Onlinestudie 2011), bei den 14-29 jährigen waren es 2011 (lt. Nonliner-Atlas) 97%, bei den Über-50-jährigen 52 % (stark zunehmend). 2011 nutzten 90 % derjenigen mit Abitur bzw. Studium das Internet, 60 % mit Volks- oder Hauptschulabschluss. D.h., aktuell nutzen eher Jüngere und Gebildete digitale Medien.

Laut einer bundesweiten Untersuchung des deutschen Instituts für Vertrauen und Sicherheit im Internet 2012, durchgeführt von Socovision (DIVSI-Studie 2012, S. 15 f.), waren 2012 39% aller Deutschen digitale Außenseiter (**Digital Outsider**): diese haben entweder keinen technischen Zugang zum Internet (lt. Eurostat sind dies ca. 20 % der Deutschen) oder sie sind im Umgang mit dem Internet so wenig erfahren oder so stark verunsichert, dass sie es kaum oder gar nicht nutzen. Rund 41 % sind lt. dieser Untersuchung **Digital Natives**, also mit dem Computer aufgewachsen. Sie begreifen das Internet als Teil ihres Lebensraums, in dem sie sich frei und selbstverständlich bewegen, und sie stehen der digitalen Welt sehr positiv gegenüber.

Digital Natives sind meist auch diejenigen, die Online-Inhalte nicht nur konsumieren, sondern Inhalte auch aktiv produzieren und online stellen (z.B. Fotos, Videos, Kommentare, usw.). Derartige Informationskonsumenten, die sich online informieren und gleichzeitig auch Inhalte produzieren, werden als **Prosumer** (producer and consumer) bezeichnet. Sie haben vor allem für die Social Media Plattformen und Crowd Sourcing Bedeutung. „**User Generated Content**" ist nicht nur die Basis für die digitale Interaktion privater Personen untereinander, sondern liefert auch für die Unternehmen Anknüpfungspunkte und Input für ihre Kommunikations-Aktivitäten, Produkt-, Leistungs- und Service-Politik.

20 % der Deutschen, also rund 14 Millionen Menschen wurden als Digital Immigrants identifiziert: sie nutzen den kommunikationstechnischen Fortschritt gezielt für ihre Zwecke, sehen aber den Trend zunehmender Offenlegung der Privatsphäre in sozialen Netzwerken misstrauisch und skeptisch.

Abb. 2: Verwendung des Internets
Quelle: INTEGRAL, AIM – Austrian Internet Monitor, rep. f. Österr. ab 14 Jahren, Oktober bis Dezember 2011, N=3000.

Im Austrian Internet-Monitor 2011 wird der **Verwendungszweck des Internets** laufend untersucht. Danach wird das Internet am häufigsten zum Senden oder Empfangen von E-Mails verwendet. An zweiter Stelle steht es als Informationsquelle (Zugriff auf Nachrichten, auf Zeitungen, Telefonnummern suchen, etc.), und 50 % der österreichischen Internetnutzer nutzen Social Media Plattformen (→ vgl. Abb. 2).

Laut Grabs/Bannour (2012, S. 53) produzieren 10 % der Nutzer des Social Web aktiv Inhalte, 20 % machen mit, indem sie z.B. kommentieren oder bewerten und 70 % beobachten bzw. sind passive Zuschauer .

Nach Strauss/Frost (2012, S. 183f) verändert die Online Technologie die Art und Weise, wie Menschen Informationen aufnehmen, verarbeiten und verwerten. Dabei kommen in der **Online-Welt** vor allem folgende soziokulturelle Trends zum Tragen.

- **Informationsüberlastung:** Der Verbraucher steht einer unendlichen Informationsflut gegenüber, hat aber nur beschränkte Verarbeitungskapazität, d. h. er sucht nach Orientierung und diese findet er in Empfehlungen, Bewertungen und Ergebnisberichten, die von anderen Online-Usern verfasst und vorwiegend auf Social Media Plattformen online gestellt bzw. von einem User an andere User im Schneeballprinzip weitergeleitet worden sind.
- **Multitasking:** Multitasking beschleunigt einerseits die normalen Abläufe, senkt allerdings die Aufmerksamkeit für jede einzelne Aufgabe. Vor allem die Digital Natives sind typische Multitasker. Sie telefonieren am Handy und schauen gleichzeitig ein Fußball-Match im Fernsehen und recherchieren im Internet die letzten Match-Ergebnisse „ihres“ Fußballvereins. Dieses Verhalten hat natürlich auch Auswirkungen auf die Werbung: nicht nur die Wahl des richtigen Kanals ist wichtig, sondern auch eine aufmerk-

samkeitsstarke Gestaltung, um überhaupt das Auge oder Ohr des Rezipienten zu erreichen. In diesem Zusammenhang werden auch Überlegungen zum situationsspezifischen Nutzungskontext immer wichtiger.

- Die **Grenzen zwischen Arbeitsalltag und Freizeit** verschwimmen zunehmend. Da sehr viele Internet-Nutzer entweder mobil (z.B. per Smartphone) oder sowohl am Arbeitsplatz als auch zu Hause Online-Dienste nutzen können, weicht sich für viele eine klare Grenzziehung zwischen Arbeit und Freizeit auf: Am Arbeitsplatz wird online privat eingekauft und kommuniziert und zu Hause werden dann Firmen E-Mails beantwortet. D.h. die Konsumenten sind immer und überall erreichbar. Ausgehend von diesem Verhalten erwarten sie sich von den Unternehmen ebenfalls, dass ihre Wünsche – seien es Anfragen oder Bestellungen – unverzüglich erledigt werden. Die zunehmende Nutzung von mobilen Endgeräten verstärkt diesen Wunsch.
- **Selbstbedienung:** Auch Dienstleistungen sind heutzutage weitgehend automatisiert und standardisiert z.B. Hotels, Banken, Online Shops sind im Internet zu jeder Zeit, 24/7, zugänglich. Die User sind gewohnt, ihre Aktivitäten selbständig durchzuführen. Gleichzeitig aber wollen sie von den Unternehmen umsorgt werden – vor allem, wenn es um Sonderwünsche oder Problemlösungen geht.
- Social Media ist sehr stark von **Emotionalität** geprägt. Für die Nutzer von Social Media hat Sympathie eine herausragende Bedeutung: alles dreht sich darum, wie groß die Zahl der Netzwerkpartner ist, z.B. wieviele „Friends“ jemand auf Facebook oder „Followers“ auf Twitter hat, und wie oft die Inhalte, die jemand online gestellt hat – seien es Fotos, Videos oder Texte – aufgerufen, positiv bewertet oder kommentiert oder an andere weitergeleitet werden.

## 2.2 Digitale Beeinflusser

In Online-Netzwerken haben Meinungsführer und -verbreiter, die sogenannten Digital Influencer neue Bedeutung erlangt. Diesen Influencern kommt i. S. des Opinionleader-Konzepts Multiplikatorenfunktion und/oder Expertenstatus zu. (vgl. Schüller, 2012, S. 120ff).

Die **Experten** haben auf spezifischen Fachgebieten Detailwissen und geben dieses auch gerne weiter, wobei sie komplexe Informationen z.B. in Blogs verständlich darstellen und aufgrund ihrer Reputation als unabhängige Experten die Meinung anderer beeinflussen. Sie sind an detaillierten Informationen interessiert, die sie hauptsächlich im Web suchen. Sie erhalten eine Vielzahl von Links von unterschiedlichen Websites, haben Newsletter abonniert und betreiben selbst oft Blogs.

Die **Multiplikatoren** müssen nicht zwangsläufig Experten sein. Sie zeichnen sich durch eine Unmenge digitaler Kontakte in unterschiedlichen Netzwerken aus. Sie senden ihren Netzwerkpartnern empfehlenswerte Informationen und Links, teilen Interessantes, bewerten, laden Fotos und Videos hoch, geben Bewertungen und Markenbekenntnisse ab. Sie wollen so die digitale Welt mitgestalten und sich in ihr wichtig fühlen.

Wie auch in der Offline-Welt sind relevante digitale Meinungsführer von den Unternehmen zu identifizieren. Weiters ist zu prüfen, inwieweit diese zu Fürsprechern (**Advocates**) für ihre Marken gemacht werden können, denn so können Informationen ohne Streuverluste an deren Meinungsfolger übermittelt werden. Dies gilt sowohl für den Consumer- als auch Business to Business Bereich.

## 2.3 Digitale Mundpropaganda

Mit der Allgegenwärtigkeit und Zugänglichkeit von Informationen wird der Verarbeitungsprozess kürzer. Der Online-Nutzer reflektiert weniger und orientiert sich gerne an den Urteilen anderer (Prox, 2011, S. 25). **Online-Empfehlungen** (Advocating) spielen in der Social Media Kommunikation nicht nur für die Verbraucher, sondern auch für die Unternehmen eine wichtige Rolle.

In den Bereichen Elektronik, Technologie, Autos, Bücher und Reisen greifen Online-Leser gerne auf Empfehlungen und Bewertungen anderer zurück (Hettler S. 28). Dabei spielen vor allem die Meinungen, Nutzer-Kommentare und Produktbewertungen in Foren und sozialen Netzwerken eine große Rolle: rund 70% der Onlinekäufer lassen sich von den Urteilen Dritter bei ihren Kaufentscheidungen beeinflussen. Laut Nielsen „Global Trust in Advertising Survey“ (2011) vertrauen in Deutschland 74% Bewertungen von Online-Konsumenten. Nach den Empfehlungen von Bekannten liegt die digitale Mundpropaganda somit auf Platz 2 (→ siehe Abb. 3), also noch vor redaktionellen Inhalten und Werbung in allen Formen.

Laut Kroeber-Riel/Esch (2011, S 66) sind die Auslöser von digitaler Mundpropaganda (**Word-of-Mouth-Aktivitäten**) primär eigene positive oder negative Erfahrungen mit Marken, Produkten oder Dienstleistungen. Die Motive für ein Weiterleiten positiver Inhalte sind vor allem Produktinvolvement, altruistische Motive, Neigung zur Selbstdarstellung sowie Sympathie zur Marke, bei negativen Inhalten sind es Rache, Abbau von Ärger, Altruismus und auch Hilfesuche.

Bei Social Media kommt der Interaktion zwischen Usern und der damit einhergehenden wechselseitigen Beeinflussung besondere Bedeutung zu. Diese Beeinflussung wirkt sich auf die Einstellung zu Unternehmen und Marken und schließlich auf das Kaufverhalten aus.

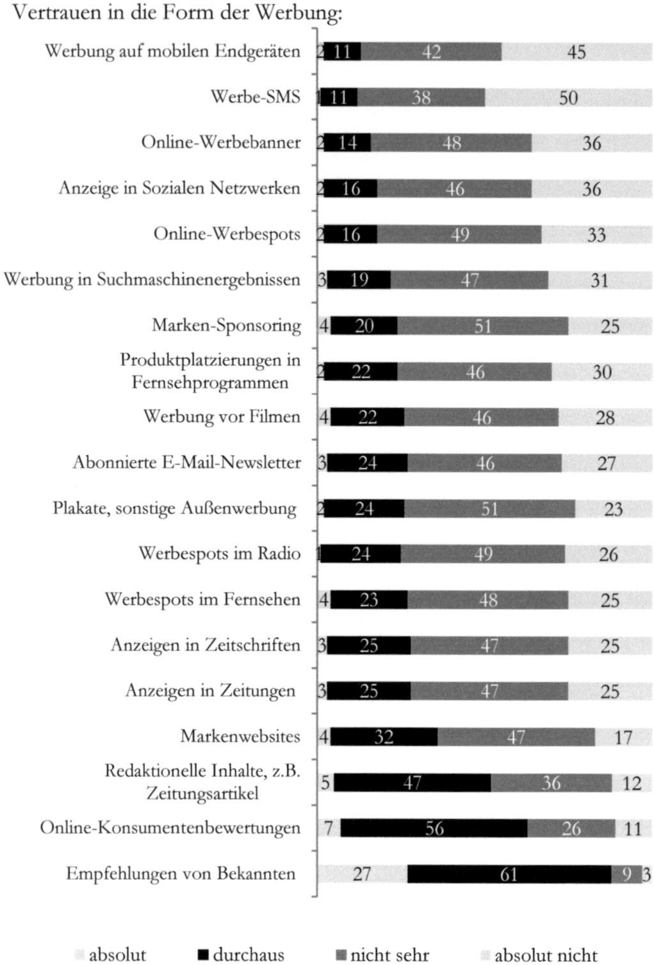


Abb. 3:
Nielsen Global Trust in Advertising
Survey 3. Quartal 2011, Ergebnisse für Deutschland

Die Wirkung von Empfehlungen durch die Mundpropaganda ist nicht nur in der Offline-Welt sehr effizient. Mit den Instrumenten von Social Media stehen den Werbern eine Reihe von Möglichkeiten zur Verfügung, die digitale Mundpropaganda zu forcieren, wie das Empfehlungsmarketing in Form von Viralmarketing, Buzzmarketing oder Social Media Marketing.

Auch die Bekundungen von Markensympathien z.B. in Form von „Like“ auf Facebook oder „Follow“ auf Twitter basieren auf dem Empfehlungsmechanismus und stellen eine Art – eben elektronische – „Mundpropaganda“ dar. User bekunden ihre Markensympathie nicht nur, weil sie die Marke tatsächlich benutzen, sondern weil sie sich dadurch einen Nutzen für sich versprechen, sei es Anerkennung bei den Netzwerkpartnern oder eine Belohnung vom Markenartikler in Form von speziellen Informationen oder Sonderangeboten (Schüller, 2012, S. 104). Empfehlungen wie Sympathiebekundungen oder das Weiterleiten von Markenbotschaften an andere Netzwerkpartner erhöhen Sympathie und Bekanntheit der Marke.

# 3 Instrumente der Online Kommunikation

## 3.1 E-Mail und E-Mail Newsletter

**E-Mail** (elektronische Post) ist die beliebteste und meistgenutzte Internet-Anwendung (→ vgl. Abb.2). Sie dient sowohl privatem als auch unternehmerischem Informationsaustausch mit Kunden und anderen Stakeholdern, zur Übermittlung von Neuigkeiten und Bewerbung von Angeboten. E-Mails sind individualisierbar, personalisierbar, preiswert und schnell, bieten eine Antwortmöglichkeit und ermöglichen somit den Aufbau von Dialogen, und sie dokumentieren auch den erfolgten Informationsaustausch. Problematisch allerdings sind die unerwünschten E-Mails, die Spams, die massenhaft und ungebeten zugesandt werden. Jeder Fünfte empfindet diese gesetzlich verbotene Werbung als größten Störfaktor bei der Internet-Nutzung, wobei manche **Spams** – meist versehentlich – geöffnet werden. Da sich viele Internet-Nutzer mit Spam-Filtern gegen die ungebetenen E-Mails wehren, sollten Unternehmen ihre E-Mails und Newsletter vor Versand auf mögliche Spam-Problematik prüfen.

In **E-Mail-Newsletters** informieren Unternehmen oder Organisationen ihre Zielgruppen in regelmäßigen Abständen über Angebote, bewerben ihre Produkte oder Services, vermitteln Produkt- und Branchenwissen usw. E-Mail Newsletter stellen ein effizientes und kostengünstiges Dialoginstrument dar, vor allem, wenn es sich um vom Empfänger abonnierte Newsletter handelt. Abonnierte Newsletter werden gerne gelesen bzw. überflogen. Die Abonnenten haben einem E-Mail-Versand an ihre Adresse durch opt-in zugestimmt (**Permission Marketing**), und sollten auch eine opt-out Möglichkeit haben, d.h., den Newsletter auch abbestellen können.

Sowohl E-Mails als auch E-Mail Newsletter ermöglichen es, sich regelmäßig bei den Adressaten in Erinnerung zu rufen und somit Kunden oder Interessenten in Kontakt zu bleiben und eine Beziehung zu ihnen aufzubauen. Als Beispiel für einen regelmäßigen E-Mail-Newsletter sei jener der österreichischen Werbewissenschaftlichen Gesellschaft (www.WWGonline.at) erwähnt. Er informiert seine Mitglieder quartalsweise über aktuelle Forschungsergebnisse, Konferenzen, Weiterbildungsveranstaltungen, Workshops und neu erschienene Artikel des eigenen Publikationsorgans Transfer-Werbeforschung & Praxis.

## 3.2 Corporate Website

Eine Website ist der virtuelle Platz für ein Unternehmen, eine Organisation oder eine Person. Im täglichen Sprachgebrauch wird sie auch als **Homepage** bezeichnet. Sie ist durch eine eindeutige Adresse (URL) definiert. Die Corporate Website (auch Firmen-Website oder Marken-Website) stellt gleichsam eine elektronische Broschüre dar, auf der sich ein Unternehmen oder eine Marke der virtuellen Öffentlichkeit präsentiert und Informationen jeglicher Art bereit stellt.

Sie sollte im Lichte der strategischen Positionierung des Unternehmens oder der Marke und den Anforderungen bzw. Bedürfnissen der Zielgruppen gestaltet werden. Durch die Art der Gestaltung und durch ihre angebotenen Inhalte trägt sie wesentlich zur Imagebildung einer Marke oder eines Unternehmens bei – egal, ob es sich dabei um ein regional tätiges kleines Unternehmen, oder um einen Global Player handelt.

### 3.2.1 Inhalte einer Website

Corporate Websites sind das Online-Schaufenster eines Unternehmens. Sie sollten ausgehend von der strategischen Positionierung und den Anforderungen und Bedürfnissen der Zielgruppen gestaltet werden. Dabei gilt es, vorab die Ziele und Kern-Zielgruppen festzulegen, um damit den Informationsbedarf zu definieren. Wer ist neben den bestehenden und möglichen Neukunden wichtig? Dies könnten z.B. Journalisten und Medienpartner sein, Jobsuchende, Geldgeber, Stakeholder aus der Politik, der Branche, Kritiker usw. Auf Basis dieser Analyseergebnisse wird jener Inhalt (Content) einer Website festgelegt, der die Informations-, Interaktions- und Unterhaltungsbedürfnisse der Zielgruppen befriedigen könnte. Nach einer Untersuchung von Kurz (1998, S. 224) ist für das Gefallen und den Wiederbesuch einer Website in erster Linie der Inhalt (Content) entscheidend, nicht die Aufmachung.

Der **Content** sollte Informationen, Service, Unterhaltung und Dialog- und Interaktionsmöglichkeiten bieten. In welcher Breite und Tiefe das *Informationsangebot* präsentiert wird, hängt von den Zielgruppen und den angebotenen Produkten bzw. Leistungen ab: bei langlebigen Wirtschaftsgütern und im B-to-B-Bereich ist der Informationsbedarf wesentlich höher als im Consumer-Bereich. Zur Steigerung des Traffic auf der Website und zur Zielgruppenbindung ist ein interessantes *Service-Angebot* geeignet, wie z.B. ein Newsletter-Angebot oder interessante Download-Möglichkeiten von Berichten, Broschüren oder, je nach Branche und Zielgruppen, auch Tipps, Rezepte, Bauanleitungen, Hilfestellung für weitere Recherchen des Website-Besuchers in Form von Links zu Branchen-Seiten, Foren oder Blogs, oder ein Kalender mit Messeterminen, auf denen das Unternehmen präsent ist, usw.

Auch *Unterhaltungsangebote* auf der Website können zu einem Wiederbesuch der Nutzer führen wie z.B. Online-Spiele oder Gewinnspiele. Letztere allerdings sind im Verbund mit anderen Kommunikationsinstrumenten wie z.B. klassischer Werbung oder Online-Werbung erfolgreicher, da dadurch Aufmerksamkeit geschaffen wird und somit mehr Traffic auf der Firmen- oder Marken-Website generiert wird. Die Einbindung von Social Media-Kanälen wie z.B. Youtube, auf denen Filme über die Anwendung der Produkte, über das Unternehmen, die Produktion etc. gezeigt werden, schafft Emotionalität und erhöht die Attraktivität der Corporate Website. Besonders intensiv nutzt z.B. die Daimler AG (🖱 www.daimler.com/socialmedia/de) zahlreiche Social Media Plattformen wie z.B. Facebook, Flickr, Twitter usw. und ermöglicht es den Nutzern, von der Corporate Website aus auf diese Plattformen zu gelangen bzw. diese zu verlinken. Eine Einbindung von Filmen oder Videoclips auf der Website bietet weitere Unterhaltungs- oder Informationsmöglichkeiten, wie z.B. Red Bull TV (🖱 www.redbull.tv) oder Spiegel TV auf der Spiegel Online-Homepage (🖱 www.spiegel.de/ sptv/ magazin).

Ein weiterer wichtiger Content-Baustein einer Corporate Website ist die Schaffung von *Dialog- und Interaktions-Möglichkeiten*, sei es eine Rückantwortmöglichkeit per E-Mail, oder die Möglichkeit, Inhalte wie Fotos oder Filme auf die Website zu laden oder auch herunterzuladen, bzw. Kommentare zu hinterlassen oder Fragen zu stellen. Dies involviert die Website-Besucher, intensiviert die Informationsverarbeitung und führt zu besserem Behalten von Botschaftsinhalten.

Social Media Icons auf der Website geben Nutzern eine Möglichkeit, Inhalte möglichst einfach weiterzuempfehlen bzw. mit sozialen Netzwerken (wie z.B. Facebook, Twitter usw.) zu verlinken.

Da der User innerhalb weniger Sekunden entscheidet, ob er das Gewünschte auf der Website findet, ist der Startseite besondere Aufmerksamkeit bei der Gestaltung zu widmen: sie soll eine rasche Orientierung und eine einfache Navigation bieten und auch barrierefrei gestaltet sein, d.h. mit allen Browsern, Monitorgrößen, Softwareversionen und Endgeräten (z.B. auch mit Smartphones) genutzt werden können.

Wichtig sind auch die ständige **Aktualisierung** der Inhalte sowie die **zeitnahe Reaktion** auf Kommentare und Fragen.

In Abhängigkeit von der Zielgruppe sollte überlegt werden, ob auch eine mobile Website geschaffen werden soll, bzw. ob Applikationen (Apps) oder Widgets angeboten werden, um die Corporate Website auch auf mobilen Endgeräten abrufen zu können (**Mobile Marketing**). Widgets oder Applikationen (Apps) sind Mini-Computer-Programme, die auf einer Website eingebunden werden können, und die es erlauben, ausgewählte Inhalte von anderen Websites darzustellen. Dadurch können Inhalte mit nur wenigen Klicks auf andere Websites exportiert bzw. dort verarbeitet werden. Die gebräuchlichste Anwendung ist der „Share Button".

### 3.2.2 Hinweise zur Gestaltung von Websites

Da ein Internet-Nutzer grundsätzlich aktiv und bewusst, d.h. aufgrund von Eigeninitiative einen Banner anklickt oder eine Website aufruft, ist einerseits von einem Medieninvolvement und andererseits von einem **Situationsinvolvement** bzw. von einem grundsätzlichen Interesse an der aufgerufenen Site eines Anbieters auszugehen.

Probleme ergeben sich jedoch daraus, dass die Gestaltung von Websites und Bannern sowohl den Anforderungen der Surfer als auch der Seeker (vgl. → 2.1) gerecht werden muss, bzw. dass auch die unterschiedlichen Online-Erfahrungsgrade der Nutzer berücksichtigt werden sollten.

Viele **Gestaltungsgrundsätze**, die für die klassische Werbung gelten, sind auch bei der grafischen Gestaltung von Bannern und Websites gültig. D. h. dass die Verwendung von physisch intensiven Reizen, emotionalen Schlüsselreizen, kognitiven Reizen (Neuartigkeit) die Wahrnehmungschance erhöhen kann. Auch können emotionale Reize eine Hinstimmung für die Aufnahme und Verarbeitung von Informationen schaffen.

Weiters muss berücksichtigt werden, dass das **Lesen am Bildschirm** weitaus anstrengender ist als auf dem Papier und dadurch die Lesegeschwindigkeit wesentlich geringer ist. Daher sollten immer Schrifttypen, Farben und Kontraste gewählt werden, die dem Internet-Nutzer das Lesen erleichtern (ausreichend große Schrift, starker Hell-Dunkel-Kontrast). Bei der Gestaltung der Texte sollte man sich kurz fassen: höhere Informationsdichte, geringere Informationsbreite (Unger et al., 1999, S. 325).

Im Sinne der integrierten Kommunikation sollten sowohl Online-Werbung als auch Website in das Gesamtkonzept der Unternehmenskommunikation eingegliedert werden. Dazu zählt die Einhaltung formaler, optischer Gestaltungsprinzipien (Corporate Design) ebenso wie die inhaltliche Abstimmung (Kommunikationsplattform/ Aussagen, Werbestil).

## 3.3 Suchmaschinen Marketing

Die Corporate Website ist der zentrale Anker der Online-Kommunikation, die vom User aktiv aufgerufen bzw. gefunden werden muss. Über 90 % der Internet-Nutzer verwenden eine Suchmaschine, wenn sie Informationen über eine Firma oder deren Marken suchen (Smith/Chaffey, 2005, S. 216). Dadurch kommt den Suchmaschinen eine wichtige Rolle als „Gatekeeper" im Internet zu. Laut Ruisinger (2011, S. 47) klicken 45 % der Nutzer auf die ersten drei bis vier Suchergebnisse, 40 % auf die darüber oder daneben gestellten Anzeigen (bezahlte Suchmaschinen- oder Keyword-Werbung), die durch farbliche Unterlegung gekennzeichnet sind. Je weiter vorne eine Information, z.B. über ein Angebot, bei einer Suchabfrage aufscheint, desto höhere Nutzungschancen (Klickraten) hat diese Information.

Damit die Corporate Website möglichst unter die ersten Suchergebnisse gelangt, ist eine Optimierung der Suchergebnisse **notwendig** (**Suchmaschinenoptimierung**).

Bausteine für eine gute Auffindbarkeit durch Suchmaschinen sind Quantität, Aktualität und Qualität des Contents einer Corporate Website. Größere und aktuelle Internet-Auftritte haben eine größere Chance, gefunden zu werden. Zur Qualität des Contents zählen beispielsweise möglichst „sprechende" URL-Namen (z.B. www.autohersteller.de), eine sachgerechte, inhaltliche Auszeichnung im HTML z.B. mittels relevanter Keywords (Schlüsselworte) oder Tags (Schlagworte). Auch eine große Zahl von Verlinkungen der Website mit anderen Websites erhöht die Chance der Auffindbarkeit und verbessert das Ranking (vgl. Ceyp, 2012, S. 114f). Im Allgemeinen gilt: je öfter eine Information gesucht wird und je besser sie verlinkt ist, desto weiter vorne erscheint sie im aufgerufenen Suchergebnis.

Buchele und Alkan (2012, S. 227f) merken jedoch kritisch an, dass die Suchmaschinen-Betreiber ihre Prinzipien der Informationsauswahl und -sortierung nicht transparent machen und zudem die Suchmaschine Google in den meisten Ländern der Welt eine Monopolstellung im Suchmaschinenmarkt einnimmt, in Deutschland und Österreich mit fast 90 % Markenanteil.

Da die Nutzer den Ergebnissen von Suchmaschinen viel Vertrauen entgegen bringen, generieren sie auf den bestplatzierten Websites viel Traffic. Da die Nutzer diese mit einer bestimmten Absicht besuchen, können durch Suchmaschinenoptimierung die Zielgruppen gut erreicht werden. Allerdings ist eine ständige Optimierung der Seite notwendig.

## 3.4 Online Werbung

Bei der Online Werbung werden Werbebotschaften auf fremden Websites als Werbeträger platziert – entweder in Form von Banner, Pop Up Ads, Microsites, Intextwerbung oder als Anzeige auf Ergebnisseiten von Suchmaschinen.

Online Werbung spielt eine wichtige Rolle im Media-Mix. Mit relativ geringen Kosten der Produktion und Schaltung können Banner – richtig platziert – Zielgruppen gut erreichen. Ein wichtiger Vorteil für die Bannerwerbung ist die Möglichkeit des **Targeting**, d.h. die zielgruppenspezifische Einblendung von Bannerwerbung auf Websites. Durch Analyse von Cookies kann das Surfverhalten der Nutzer im Web verfolgt und so Interessen festgestellt werden. Die daraus gewonnenen Daten werden der Werbewirtschaft zur Verfügung gestellt. Aber auch bei der Anmeldung auf Social Media Plattformen geben die Nutzer eine Menge Daten über sich preis, die für das Targeting genutzt werden.

Ein weiterer Vorteil der Bannerwerbung ist die vielfältige multimediale Gestaltungsmöglichkeit, die sich gut in laufende Werbe-Kampagnen integrieren lässt.

Im Folgenden sollen die häufigsten Werbeformen auf fremden Websites besprochen werden.

- **Banner:** Der Banner ist meist eine kleine Werbefläche auf der Startseite oder einer Unterseite einer Website, die mit dem eigenen Angebot so verknüpft (verlinkt) ist, dass der Besucher durch das Anklicken des Banners direkt auf der Website dieses Anbieters landet (Landing Page). Banner können in den verschiedensten Formen gestaltet werden. Einen Überblick dazu bietet 🖰 www.werbeformen.de.

  *Statische Banner* sind mit einem „Kleininserat“ vergleichbar. Sie sind starr, unbeweglich und stellen sich als Grafik dar. Kleinere Formate oder symbolische Darstellungen werden auch als *Buttons* oder *Thumbnails* bezeichnet.

  *Animierte Banner* (=HTML-Banner) enthalten bewegte Elemente, aber auch Musik und Geräusche können in einem Banner integriert werden. *Applikatorische Banner* sind mit (meist vorgetäuschten) Anwendungen gefüllt. Typische Formen sind das Pulldown-Menü, vorgetäuschte Fehlermeldungen oder Kästchen, die zu einer Eingabe auffordern (z.B. „OK"). In *narrativen Bannern* wird eine Text- oder Bildfolge abgespielt, die eine „Mini-Geschichte" erzählt. *„Site-in-the-Site" Banner* oder *Nanosite-Banner* sind echte, funktionsfähige Anwendungen innerhalb eines Banners, wie zum Beispiel eine direkte Möglichkeit zu einer Anmeldung für eine Veranstaltung. Der Banner selbst ist also eine Mini-Website. Der große Vorteil liegt darin, dass der Nutzer die auf dem Bildschirm sichtbare Website nicht verlassen muss, und diese Werbeform daher eine höhere Akzeptanz genießt als der klassische Banner. Zeigt der Nanosite-Banner die Website Dritter, spricht man von einem *Transaktiv-Banner*. *Rich-Media-Banners* benutzen zusätzlich Multimedia-Funktionen.

Banner sind derzeit noch immer das Hauptwerbemittel im Internet, ihre Wirkung ist im Durchschnitt allerdings gering (durchschnittliche Ad-Click-Rate im Jahr 2012 ca. 0,1 %). Jedoch sind diejenigen, die einen Banner aktiv und bewusst anklicken, um zur beworbenen Website zu gelangen, hoch involviert und an weiteren Informationen des Werbeabsenders interessiert.

- **Suchmaschinen-Werbung:** Suchmaschinenwerbung oder Keyword-Werbung ist eine Online-Werbeform, bei der Banner oder Anzeigen auf Ergebnisseiten von Suchmaschinen erscheinen, wenn der Internetnutzer einen vom Werber definierten Schlüsselbegriff (Keyword) eingibt.

So erscheint z.B. beim Begriff „Tonstudio" auf der Seite der Suchergebnisse auch die Werbung von Tonstudios, die bei dieser Suchmaschine diesen Begriff gebucht haben.

Der Vorteil für den Werbetreibenden liegt darin, dass der aktiv Suchende hohes Involvement hat und die Werbung des Tonstudios mit hoher Aufmerksamkeit wahrnehmen wird. 40 % der Suchmaschinen-Nutzer klicken auf Werbeanzeigen (Ruisinger, 2011, S. 47). Informationssuchende nehmen diese Anzeigen, die kurz und prägnant gestaltet sind, oft nicht als Werbung wahr, sondern als Suchergebnis. Der Werber bezahlt nur tatsächlich verfolgte Links (pay per click). Die Betreuung dieser Keyword-Werbung wird häufig auch dem Suchmaschinen-Marketing zugerechnet. Dabei werden Suchbegriffe definiert, Anzeigen erstellt, die erzielte Besucherstruktur überwacht und der Platzierungsrang laufend an das aktuelle Preisniveau angepasst.

- **Interstitial:** Ähnlich wie im Fernsehen gibt es auch im Internet Unterbrecherwerbung. Unabhängig vom Verhalten des Nutzers wird ganz plötzlich ein Werbefenster (Interstitial) auf einem Bildschirm präsentiert. Dieses kann im selben Fenster, in einem neuen Fenster oder auch gänzlich bildschirmfüllend erscheinen. Es kann sich dabei um die Einblendung eines Banners, einer Videosequenz oder sogar um ganze Werbespots wie im Fernsehen handeln. Sie müssen vom Benutzer entweder manuell wieder geschlossen werden oder enden nach Ablauf einer gewissen Zeit von selbst.

  Die vom Nutzer unverlangte Einblendung von Werbung auf dem Bildschirm löst oft bei den gegenüber Werbung kritischen Internet-Nutzern Ärger und Reaktanz gegenüber dem Absender der Werbung aus, da sie seine Zeit und sein Geld vergeudet. Grundsätzlich wirksamer ist Internet-Werbung, zu deren Einblendung der Nutzer explizit seine Zustimmung gegeben hat oder deren Einblendung aufgrund des Surfverhaltens aller Voraussicht nach akzeptiert wird.

- **Pop Up Ads:** Beim Pop Up öffnet sich automatisch während der Nutzung ein neues Fenster mit Werbung, das in der Regel kleiner ist als das Browserfenster. Der Nutzer wird in seiner Navigation nicht direkt unterbrochen und kann das Fenster durch Anklicken wieder schließen.

- **Microsites:** Eine Microsite ist eine eigenständige, von der eigentlichen Website abgekapselte, komplett funktionsfähige Mini-Website, die auf einem Werbeträger platziert wird. Sie öffnet sich beim Klick auf einen Banner oder Link. In der Regel werden Microsites als interaktives Bestell- oder Informationsinstrument, bzw. auch zur Durchführung von Umfragen eingesetzt.
- **Intextwerbung:** Ausgewählte und gekennzeichnete Worte dienen auf ausgewählten Websites als textinterne Links, deren Berührung zur Öffnung eines Werbefensters führt, das die Werbebotschaften darbietet bzw. zu den Landing Pages des anbietenden Unternehmens führt.

### Hinweise zur Gestaltung eines Banners

- Größere Banner werden meist länger und häufiger betrachtet und auch länger erinnert.
- Markennamen sollten ständig präsentiert, aber nicht animiert werden.
- Ein guter farblicher Kontrast zum Umfeld sollte gewährleistet sein, da im Internet oft zu viele Reize (alles bunt, bewegt, dicht gedrängt) auf den Konsumenten einwirken.
- Zu viele und zu schnelle Bewegungen, zu viele Farben überfordern die meisten Betrachter.
- Eine Aufforderung im Text oder im Banner („Klicken Sie hier!") erhöht die Click-Rate. Bilddominante Banner weisen eine fast doppelt so hohe Click-Rate auf wie textdominante Banner.

## 3.5 Empfehlungsmarketing

Das Weitererzählen (Word of Mouth, Mundpropaganda) und das Weiterempfehlen haben im Miteinander von Menschen seit jeher große Bedeutung. Mit den informationstechnologischen Möglichkeiten des Internets und der Vernetzungsmöglichkeit der User ist dies zeitnah möglich. Informationen, die man von Freunden oder Bekannten erhält, sind vertrauenswürdig und darüber hinaus erleichtern ihre Empfehlungen das Entscheiden (→ vgl. 2.3).

Diese digitale Mundpropaganda und die digitalen Beziehungen der User untereinander können Unternehmen nutzen, um Markenbotschaften online an für sie relevante Zielgruppen zu verbreiten. Diese Form der Unternehmenskommunikation wird als Empfehlungs- oder Word of Mouth-Marketing bezeichnet. Man unterscheidet dabei zwischen Viral Marketing, Buzz Marketing, Affiliate Marketing und Social Media Marketing. Bei letzterem geht die Initiative zur Verbreitung einer bestimmten Botschaft von Usern oder Konsumenten aus, bei ersteren vom werbenden Unternehmen.

### 3.5.1 Viral Marketing

Unter Viral Marketing versteht man „...das gezielte Auslösen von Mundpropaganda zum Zwecke der Vermarktung von Unternehmen und deren Leistungen im Internet, wobei eine derartige Kampagne von der Effektivität persönlicher Empfehlungen profitiert“ (Langner, 2007, S. 27). Das Wort „viral“ stammt aus der Medizin. Marketing dieser Art soll sich wie ein Virus im Internet verbreiten. Anreize zum Weiterempfehlen können z.B. kostenlose Inhalte oder Anwendungen als Belohnungen für eine Weiterempfehlung sein, oder auch überraschende, witzige oder provokante Inhalte, die die Nutzer dazu animieren, darüber zu sprechen und sie an andere weiterzuleiten. Solche virale Botschaften werden von den Empfängern meist nicht als Werbung wahrgenommen.

Bei der Gestaltung viraler Kampagnen sollte die Werbebotschaft zwar nicht allzu sehr im Vordergrund stehen, aber auf die Gefahr eines möglichen **Vampireffektes** ist dennoch zu achten. Ein Vampireffekt entsteht dann, wenn die Gestaltung die Aufmerksamkeit von der Marke ablenkt.

Damit virale Botschaften im Netz entdeckt werden, wird oft per E-Mail oder auf Portalen oder Foren auf sie hingewiesen, bzw. werden sie über Multiplikatoren gestreut (**Seeding**).

### Erfolgreiches Beispiel für virales Marketing

Ein erfolgreiches Beispiel ist die virale Kampagne von TippEx „NSFW. A hunter shoots a bear". Die Innovativität des Films, nämlich, dass der Betrachter den weiteren Verlauf der Handlung durch Eingabe eines Verbs beeinflussen konnte, war entscheidend für den Erfolg der viralen Verbreitung: innerhalb eines Monats generierte dieses Video 8,5 Millionen Zuseher (http://youtube.com/watch?v=4ba1BqJ4S2M). Die Marke TippEx war mit der Demonstration ihrer Anwendung perfekt im Film integriert, sodass ihre Bekanntheit stark profitierte.

Um die virale Ausbreitung einer Markenbotschaft zu vereinfachen bzw. zu stimulieren, werden auf Websites oft Buttons (z.B. „Share") gesetzt, damit ein User Inhalte mit einem einfachen Klick an seine Community-Mitglieder (auch anderer Social Media Plattformen) weiterleiten kann.

### 3.5.2 Buzz Marketing

Wörtlich aus dem Englischen übersetzt bedeutet „buzz“ Gerücht, Begeisterung. Ebenso wie beim Viral Marketing gilt es, potenzielle Kunden dahingehend zu beeinflussen, dass sie einander von Produkten oder Dienstleistungen erzählen. Dazu erhalten Meinungsbildner oder Lead User (Schlüsselkunden) das Produkt, bevor es auf dem Markt gebracht wird, damit sie anschließend in ihrer Community über ihre Erfahrungen berichten bzw. ihre Meinungen dazu abgeben. Diese Informationen sollen über soziale Netzwerk-Plattformen verbreitet werden, und sie sollen andere User im Sinne der Kommunikationsziele des Unternehmens beeinflussen. Buzz Marketing zielt darauf ab, Schneeballeffekte innerhalb ausgewählter Communities gezielt auszulösen (Häupl/Mayr 2007, S. 91).

### 3.5.3 Affiliate Marketing

Auch dieses wird als Form des Empfehlungsmarketing aufgefasst. Hier integriert ein Website-Betreiber (Affiliate) auf seiner eigenen Website einen Mini-Shop oder einen Link zum Shop eines anderen Unternehmens und erhält dafür eine Verkaufsprovision (Tropp, 2011, S. 540).

### 3.5.4 Social Media Marketing

Dieses macht sich ebenfalls die digitale Mundpropaganda zu Nutze, basiert aber auf Inhalten, die vom Nutzer geschaffen werden (User generated Content). Dabei gilt es, aktive Unterstützer einer Marke (Markenfans) als Multiplikatoren zu gewinnen und sie mit Informationen und neuen Inhalten zu versorgen, oder sie z.B. an der Produktentwicklung teilhaben zu lassen, damit sie etwas zu erzählen und zu verbreiten haben (Hettler, 2010, S. 147).

Dies soll eine persönliche Beziehung zwischen Unternehmen und Markenfans aufbauen und loyale Freunde bzw. positive

Mundpropaganda generieren – nicht nur in der virtuellen, sondern auch in der realen Welt.

Der Vorteil des Empfehlungsmarketings liegt darin, dass mit relativ geringen Budgets Aufmerksamkeit in relevanten Zielgruppen erzielt werden kann. Auch werden die weitergeleiteten Botschaften von den Empfängern als glaubwürdig erachtet, da sie ja von Bekannten als vertrauenswürdigen Quellen kommen.

Es darf aber nicht übersehen werden, dass eine Gefahr darin besteht, wenn Multiplikatoren ursprüngliche Botschaften zum Nachteil des Unternehmens abändern oder ergänzen können, oder dass Parodien auf die viralen Inhalte gemacht werden bzw. auch negative Kritik geäußert wird. Daher ist das soziale Netzwerk zu beobachten, um gegebenenfalls zeitnah reagieren und gegensteuern zu können. Dabei ist zu beachten, dass Korrekturen durch das Unternehmen und seine Mitarbeiter manchmal an Glaubwürdigkeit leiden. Riskant sind auch „fingierte Nutzer-Urteile", da diese sich als kontraproduktiv erweisen, wenn sie aufgedeckt werden.

## 3.6 Social Media

Mit dem derzeitigen Stand der „Social Software" (Web 2.0) ist es selbst für Computerlaien einfach, im Internet Präsenzen zu schaffen und sich mit anderen Usern zu vernetzen und auszutauschen, um somit die ureigensten Bedürfnisse des Menschen nach Kommunikation, sozialer Interaktion und Bildung von Gemeinschaften zu befriedigen. Im Internet entstehen laufend neue Social Media-Plattformen und -Kanäle, auf denen diese Netzwerk-Bildung und der kommunikative Austausch erfolgen können.

„Persönlich erstellte, auf Interaktion abzielende Beiträge, die in Form von Text, Bild, Video oder Audio über Onlinemedien für einen ausgewählten Adressatenkreis einer virtuellen Gemeinschaft oder für die Allgemeinheit veröffentlicht werden, sowie zugrunde liegende und unterstützende Dienste und Werkzeuge des Web 2.0 sollen mit dem Begriff „**Social Media**" umschrieben werden. Social Media ermöglicht, unterstützt durch entsprechende Internet-technologien, sich mitzuteilen und in Online-Gemeinschaften zu kommunizieren" (Hettler, 2010, S. 14).

Social Media basiert auf folgende Prinzipien:

- **User generated Content:** Jeder User kann Inhalte nicht nur konsumieren, sondern auch selber produzieren (Prosumer), wobei ihm das gesamte multimediale Spektrum zur Verfügung steht, und er kann diese Inhalte online entweder seiner gesamten Community oder der gesamten Öffentlichkeit zur Verfügung stellen. Dabei können Inhalte auch von mehreren Usern gemeinsam – also in Kollaboration – erstellt werden. Dadurch, dass jeder User beliebig Themen aufgreifen und darüber berichten kann, liegt in der Social Media Kommunikation die Informationshoheit, nämlich zu bestimmen, welche Informationen an die Öffentlichkeit gelangen, nicht mehr ausschließlich beim Sender bzw. Unternehmen. Bruhn (2011, S. 1083) nennt **eingeschränkte Kontrollierbarkeit** als ein zentrales Merkmal der Social Media Kommunikation, da sowohl die Botschaften der Sender als auch Reaktionen der Empfänger auf die publizierten Botschaften nicht oder nur eingeschränkt kontrolliert werden können und auch nur schwer beeinflusst werden kann, über welche Plattformen und zu welcher Zeit Kommunikationsinhalte weitergetragen werden.
- **Many-to-Many Kommunikation:** Entgegen jener Marketingkommunikation, die entweder auf dem 1:1 Prinzip (ein Sender – ein Empfänger wie z.B. beim Verkaufsgespräch) oder dem für Massenmedien typischen One-to-many Prinzip (ein Sender – viele Empfänger wie z.B. Radio, TV) beruht, stehen in der Social Media Kommunikation viele Sender vielen Empfängern gegenüber (Many-to-Many Prinzip),

die untereinander vernetzt sind und so eine rasche Verbreitung im Internet ermöglichen und mitunter hohe Reichweiten erzielen können. Zudem werden alle Netzwerkmitglieder unmittelbar über neue Meldungen von Mitgliedern informiert.

- **Netzwerkbildung:** Virtuelle Plattformen werden von Internet-Usern dazu benutzt, um Gruppen (Netzwerke) zu bilden und sich in diesen untereinander auszutauschen bzw. zu interagieren – je nach gemeinsamen Zielen z.B. zur Unterhaltung oder Informationssuche. Dazu gehört auch, dass Kontakte zu Gruppenmitgliedern hergestellt, gepflegt und für eigene Interessen genutzt werden können, z.B. um Ratschläge einzuholen oder Interessantes mit anderen zu teilen und weiterzuempfehlen.
- **Interaktion:** Jedes Community Mitglied kann sich an der laufenden Kommunikation beteiligen oder ein neues Thema eröffnen. Die User haben die Möglichkeit, zeitnah auf den Content anderer User zu reagieren, ihn zu kommentieren, zu bewerten oder Feedback zu geben. Sie können Inhalte an andere User – sei es in der eigenen Community oder an Mitglieder anderer Communities – weiterleiten, und diese so in die laufende Kommunikation mit einbeziehen (Schneeballeffekt oder viraler Effekt).
- **Öffentlichkeit:** Die Inhalte der Interaktionen (z.B. Content, Kommentare, Feedback) sind schriftlich dokumentiert und für jeden der Community bzw. für die Öffentlichkeit immer einschaubar. So entsteht Transparenz und Nachvollziehbarkeit.
- **Anonymität:** Die Social Media Kommunikation verläuft auf den meisten Plattformen weitgehend anonym. Durch Verwendung von Tarnnamen (Nicknames) können Identitäten verschleiert oder neu geschaffen werden und so Grenzen, die die reale Welt setzt, in der virtuellen Welt leichter überschritten werden, da mit dem Wegfall der un-

mittelbaren Adressierbarkeit des Kommunikationspartners kaum soziale Sanktionen (z.B. Gruppenausschluss) möglich sind (vgl. Thiedecke, 2000, S. 27). Einige Moderatoren von Foren nehmen jedoch das Recht in Anspruch, Kommentare zu entfernen oder sie zu selektieren, so z.B. Wikipedia: jede Art von Werbebotschaft wird entfernt.

Die sozialen Phänomene, die in der Social Media Kommunikation zum Tragen kommen, wie z.B. Mundpropaganda, Meinungsführerschaft, Multiplikatoren wurden in Kap. 2 besprochen.

Social Media umfasst eine Reihe von Tools (Werkzeugen) und Plattformen für die digitale Kommunikation, Kollaboration, Interaktion, Wissensmanagement und Unterhaltung wie z.B. Blogs, Podcasts, Soziale Netzwerke, Foren, Bewertungsseiten, Wikis, usw. → Abb. 4 versucht jene Plattformen und Tools, die für die Marketingkommunikation eingesetzt werden können (auf dem Stand 2012) zu systematisieren und zu kategorisieren. Im Folgenden sollen diese näher erläutert werden.

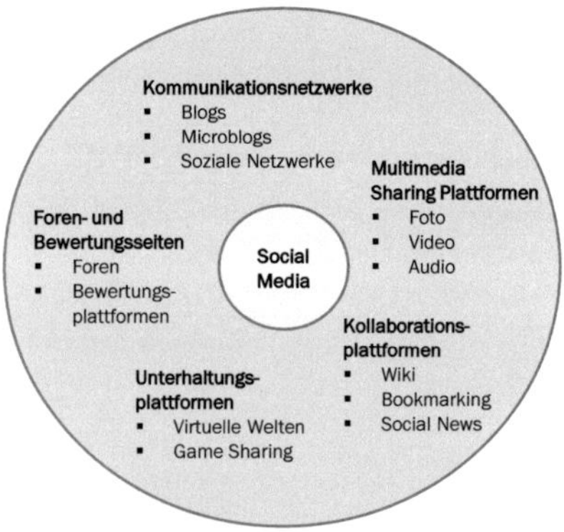


Abb. 4: Kategorien von Social Media
in Anlehnung an Strauss/Frost 2012, S. 329, Stand 2012

### 3.6.1 Kommunikationsnetzwerke

Zu den Kommunikationsnetzwerken zählen Blogs, Microblogs und soziale Netzwerke. Weblogs werden in der Kurzfassung als **Blogs** bezeichnet und stellen ein auf einer Internetseite geführtes, öffentlich einsehbares Tagebuch dar. Ein Blog wird zum Austausch von Meinungen, Informationen, Gedanken und Erfahrungen zu spezifischen Themengebieten verwendet. Durch Web-Publishing-Systeme ist das Erstellen von Websites ein Kinderspiel. Es werden Einträge verfasst, Kommentare abgegeben und über Themen diskutiert. Zusätzlich besteht die Möglichkeit, mit anderen Weblogs zu verlinken. Blogs sind den Internet-Foren sehr ähnlich.

Man unterscheidet grob zwischen Themen Blogs von unabhängigen privaten Personen und Corporate Blogs, die von Unternehmen betrieben werden. Private Blogger sind oft Online-Experten in Spezialthemen wie z.B. Social Media, Autos, Mode, Kochen usw., und sie sind mit ihren unabhängigen Blogs oft wichtige Meinungsführer bzw. Multiplikatoren – wie z.B. der Blog des Online-Marketing Experten Seth Godin (🖱 http://sethgodin.typepad.com) oder des deutschen Online-PR-Beraters Klaus Eck (🖱 http://pr-blogger.de). Für ein Unternehmen relevant werden sie dann, wenn mit ihnen Erfahrungsberichte über Produkte und Leistungen oder auch Marken ausgetauscht werden.

Bei Corporate Blogs treten ausdrücklich Mitarbeiter oder auch Geschäftsführer (z.B. in CEO-Blogs) als Autoren auf. Sie informieren die Öffentlichkeit über Neuigkeiten, spezielle Themen oder geben Einblicke in den Unternehmensalltag. Viele Unternehmen betreiben eigene Blogs wie z.B. Daimler (🖱 http://blog.daimler.de oder 🖱 http://blog.car2go.com) oder Rewe Group Austria für die Biolebensmittel-Marke „Ja natürlich!“ (🖱 http://blog.janatuerlich.at. Blogs werden von Unternehmen für Öffentlichkeitsarbeit bzw. zur Pflege der Online Relations oder Customer Care eingesetzt, z.B. indem auf Kundenanfragen, Anregungen oder Kritik eingegangen wird oder zusätzliche Informationen zur Verfügung gestellt werden. Sie eignen sich auch dazu, Newsletter-Abonnenten zu gewinnen.

Nachdem Blogger Informationen anderer Blogger aufgreifen, analysieren, bewerten, kommentieren und weiterleiten, und sich so mit anderen Bloggern austauschen, kann so für Unternehmensbelange Aufmerksamkeit geschaffen werden bzw. die öffentliche Meinung beeinflusst werden.

Die Vorteile von Blogs bestehen darin, mit Zielgruppen schnell und kostengünstig in direkten Dialog zu treten und sie dadurch zu binden, bestimmte Themen zu lancieren und sich als fachspezifische Experten zu etablieren. Blogs ermöglichen es aber auch, schnell zu reagieren und besitzen somit das Potenzial einer raschen Informationsdiffusion. Blogs sind gute PR-Instrumente, verstärken die Unternehmenspräsenz im Internet und verbessern somit die Suchmaschinen-Optimierung. Sie können Vertrauen schaffen, ermöglichen ein Feedback, den Wissensaustausch und fördern die Mundpropaganda. Für die Marktforschung liefern Blogs ungefiltert Informationen von Kunden, Geschäftspartnern und (potenziellen) Zielgruppen (Huber, 2008, S. 35). Ein Nachteil ist allerdings, dass sie sehr pflegeintensiv sind, d.h. regelmäßig mit neuen Einträgen aktualisiert werden müssen. Eine weitere Gefahr besteht darin, dass bei Corporate Blogs Firmengeheimnisse verraten werden könnten.

Die Gesamtheit der Blogs, ihrer Autoren und deren Vernetzung nennt man Blogosphäre. Weltweit existieren 2012 geschätzte 200 Millionen Blogs (Grabs/Bannour, 2012, S. 178). Einen guten Überblick über die Blogosphäre findet man auf Technorati.com.

**Microblogs** sind Varianten von Weblogs, die nur kurze d.h. auf 140-bis max. 200 Zeichen beschränkte Nachrichten – ähnlich wie SMS – zulassen. Zum Senden von Beiträgen (Postings) muss ein Account mit einem Profil eingerichtet werden. Die

Postings (Beiträge) sind öffentlich einsehbar und können von anderen Microbloggern abonniert werden, wobei die Abonnenten dann in Echtzeit über neue Botschaften informiert werden.

Die bekannteste Microblogging-Plattform ist Twitter. Twitter ist ein Nachrichtenmedium bzw. ein Informationsnetzwerk und lebt von Geschwindigkeit, Spontaneität und Vernetzung (Ruisinger, 2010, S. 196). Aktuell hat Twitter (Juni 2012) 140 Millionen Nutzer weltweit, in Österreich nutzen nur 1 % der Internetnutzer diesen Dienst, in Deutschland 3% und in den USA 20%.

Interessant sind Microblogs für Unternehmen, wenn es darum geht, aktuelle Informationen möglichst rasch an Zielgruppen zu übermitteln (z.B. Hinweis auf Aktionen oder Neuheiten), oder das soziale Netzwerk von Meinungsführern zur raschen Informationsverbreitung zu nutzen bzw. einen direkten Kontakt zu Kunden aufzubauen z.B. für Kunden-Support in Form eines öffentlichen Frage-Antwort-Bereiches. Als Nachteil mag sich manchmal die Beschränkung auf die geringe Zeichenzahl herausstellen.

**Soziale Netzwerke** haben sich aus Foren heraus entwickelt, auf denen ebenfalls ein Austausch in Form von Diskussionen möglich ist. Grabs und Bannour (2012, S. 265) definieren soziale Netzwerke als Portale oder Web 2.0 Dienste, die eine Gemeinschaft von Webusern beherbergen. User, die sich bereits aus dem realen Leben kennen oder über eine Social Media Plattform kennen gelernt haben, vernetzen sich miteinander und tauschen ihr Wissen, ihre Erfahrungen, Gedanken und Eindrücke untereinander aus und diskutieren so die Inhalte. Zentrale Elemente eines sozialen Netzwerkes sind die Profile seiner User, in denen sie sich selber darstellen – durch Angaben zur Person, Fotos, Videos etc. –, die Kontakte zu anderen Usern, und dass die Nutzer über Neuigkeiten in ihrem Beziehungsgeflecht laufend informiert werden.

Informationen in sozialen Netzwerken können sich somit rasch ausbreiten: Sendet z.B. ein Netzwerk-Nutzer eine Mitteilung an 200 Mitglieder seines Netzwerkes, und leitet jedes dieser Mitglieder die Mitteilung jeweils an weitere 200 Mitglieder weiter, so ergeben sich daraus (200 x 200) 40.000 Kontakte. Über die Qualität der Kontakte kann jedoch keine Aussage getroffen werden, da die Community-Mitglieder ja nicht nach bestimmten Zielgruppen-Kriterien selektiert worden sind.

Weltweit gibt es eine Unmenge von sozialen Plattformen, manche verschwinden so schnell wie sie gekommen sind, manche verlieren viele ihrer Nutzer, weil andere Plattformen im Moment attraktiver sind wie z.B. Myspace, das von 200 Millionen Usern auf ca. 50 Millionen (Juni 2012) schrumpfte, und derzeit bei Musikern und Kreativen sehr beliebt ist. Auch beliebte soziale Netzwerke im deutschsprachigen Raum, wie StudiVZ, SchülerVZ, MeinVZ oder Wer-kennt-wen.de haben (2012) zugunsten globaler Netzwerke, wie Facebook oder der 2011 ins Leben gerufenen Plattform Google+ beträchtlich an Nutzern verloren.

Das weltweit größte soziale Netzwerk ist Facebook (🖱 www.facebook.com). Es wurde 2004 an der Harward Universität vorerst nur für die Studenten der Harvard Universität konzipiert. Daraus entstand eine Website mit weltweit ca. 900 Millionen aktiven Usern (Stand Juni 2012), davon rund 22 Millionen in Deutschland und ca. 2,5 Millionen in Österreich laut eigenen Angaben: 🖱 http://www.facebook.com/press/releases.php?p=20727, 5.6.2012.

Im Gegensatz zu offenen sozialen Netzwerken, wie z.B. Facebook, etablieren sich auch geschlossene Netzwerke wie z.B. asmallworld.net. Eine Teilnahme ist nur über Einladung eines Mitgliedes möglich. Die Teilnehmer sind z.B. über ähnliche Interessen, einen ähnlichen Lebensstil oder regionale Zusammengehörigkeit verbunden. Geschlossene Plattformen kommen dem Bedürfnis mancher User nach Exklusivität und Intimität nach. Sie schließen dabei die breite Öffentlichkeit bewusst aus, die andere User wiederum explizit suchen.

Zunehmender Beliebtheit erfreuen sich auch Special Interest Netzwerke wie z.B. die Business Site Xing (🖰 www.xing.com). Soziale Netzwerke wie z.B. Facebook können durch Unternehmen für Marketingzwecke vor allem dadurch genutzt werden, dass sie Werbeeinblendungen schalten oder eine eigene Marken- oder Unternehmensseite, Gruppen oder Veranstaltungen einrichten. Dabei sollte das Unternehmen stets darauf achten, dass die Updates für die User interessant und relevant sind, denn schließlich buhlt hier das Unternehmen oder die Marke um die Aufmerksamkeit eines Users gemeinsam mit seinen durchschnittlich 130 Freunden. Auch sind die Updates in kurzen Zeitabständen vorzunehmen, um eine ständige Präsenz zu schaffen, ohne aber gleichzeitig als aufdringlich zu wirken. Die dabei durchgeführten Aktivitäten sollten dabei zum Kerngeschäft des Unternehmens bzw. der Marke passen.

Soziale Netzwerke eignen sich dazu, die Markenbekanntheit zu steigern, Images zu festigen, mit (potenziellen) Kunden in Kontakt zu treten, Kunden zu binden, und Marktforschung und Crowdsourcing zu betreiben.

Soziale Netzwerke können auch eine große Rolle im Kaufentscheidungsprozess von Konsumenten spielen: Sie dienen als Informationsquelle, und Empfehlungen (durchaus auch für Marken und Unternehmen) werden in Kaufentscheidungen berücksichtigt.

### 3.6.2 Foren und Bewertungsseiten

In **Foren** geht es primär um Diskussionen: Jemand stellt eine Frage oder einen Beitrag zur Diskussion und andere Forenmitglieder können auf den Beitrag oder auch auf eine Antwort reagieren. Administratoren oder Moderatoren kontrollieren die Beiträge bzgl. Relevanz und Sachlichkeit. Da sich User oft zu

Spezialthemen äußern, bilden sich so kleine Fach-Communities mit starken Influencern, die entsprechende Kontakte haben und die als Meinungsführer oder Multiplikatoren für Unternehmen interessant sein können (vgl. Grabs/Bannour, 2012, S. 151ff).

Die Teilnahme an derartigen unabhängigen Communities ist meist kostenlos und wird durch Bannerwerbung finanziert. Daneben gibt es Foren, die von Firmen eingerichtet werden, damit sich z.B. die Nutzer ihrer Produkte gegenseitig helfen bzw. dem Unternehmen direktes Feedback geben können. Die Diskussion auf Foren dient primär dem Wissensaustausch. Einträge können von Suchmaschinen leicht gefunden werden und geben authentische, unverfälschte Meinungen und Erfahrungen aus Kundensicht wieder.

Wie in Kap. 2 erläutert, stellen Erfahrungen bzw. Bewertungen anderer User relevante und glaubwürdige Entscheidungshilfen dar. Viele Händler bieten daher eine Bewertungsmöglichkeit bzw. Kommentarfunktion für die Käufer auf der eigenen Website wie z.B. Amazon oder die Shoppingportale wie geizhals.de bzw. geizhals.at, ciao.de oder guenstiger.de. Da diese von den Usern oft als weniger glaubwürdig erachtet werden, haben die nutzergenerierten Bewertungen und Erfahrungsberichte auf unabhängigen **Bewertungsplattformen** großen Einfluss auf den Kaufentscheidungsprozess. Die mobilen Zugriffsmöglichkeiten von Smartphones stärken deren Relevanz durch unmittelbare Nutzungsmöglichkeit bei Bedarf.

Vor allem im Bereich Unterhaltungselektronik, Haushaltsgeräte und im Dienstleistungsbereich suchen Entscheider nach Erfahrungsberichten anderer. Im Tourismusbereich haben sich Spezial-Plattformen wie z.B. holidaycheck.de oder TripAdvisor.com etabliert, in denen Orte, Hotels, Sehenswürdigkeiten etc. von Usern bewertet werden. Neben Spezialisten z.B. zur Bewertung von Arbeitgebern (kununu.de) u. Ä. existieren auch generalistisch angelegte Bewertungsseiten wie z.B. QYPE. Qype ist nach

Orten und Branchen strukturiert und bietet mit Apps (Applikationen/Anwendungen auf mobilen Endgeräten) vor allem Online-Nutzern die Möglichkeit, lokale Bewertungen abzurufen (**Local Based Services**).

Auf boardreader.com oder forumcheck.de werden Foren aufgelistet. Durch die Anonymität der Forenmitglieder und auch der Nutzer von Bewertungsseiten kann es allerdings dazu kommen, dass Spambeiträge gepostet werden bzw. die Umgangsformen und Regeln des Forums bzw. der Plattform verletzt werden, oder auch dass negative, imageschädigende Kommentare gepostet werden. Diese sind – wie schon erwähnt – vom Unternehmen durch ständiges Monitoring im Auge zu behalten, um gegebenenfalls auf negative Kritiken reagieren zu können. Auch wenn der konkrete Kunde, der seine Kritik äußert, namentlich nicht bekannt sein mag, hat die Stellungnahme des Unternehmens Einfluss auf das Entscheidungsverhalten anderer User, denn diese lesen schließlich auf den Seiten mit.

### 3.6.3 Multimedia Sharing Plattformen

Geht es darum, der eigenen Community oder der Öffentlichkeit hauptsächlich Fotos oder Videos zur Verfügung zu stellen und sich mit anderen darüber auszutauschen, können dafür kostenlose Dienste genutzt werden. Die derzeit beliebtesten sind das **Foto-Sharing Portal** Flickr.com, das es u.a. erlaubt, auf bestimmten Fotos Nachrichten zu hinterlassen, und das zu Google gehörende **Video-Sharing Portal** YouTube.com. Sowohl Fotos als auch Videos aus diesen Portalen können in andere Websites eingebunden werden, bzw. ist auch eine Weiterleitung auf andere Social Media Kanäle sehr einfach möglich. Dies erhöht den Grad der Vernetzung und somit die Auffindbarkeit für Suchmaschinen, was wiederum die Reichweite der eigenen Website steigert und so mehr Traffic auf ihr schafft. Die Nutzung viraler Effekte (das Weiterleiten) und die Emotionalisierung durch Bilder und Videos, sind für Unternehmen bzw. deren Marken interessant. Sharing-Portale werden häufig auch als **Content-Portale** bezeichnet. Ihre Inhalte sind für die Besucher meist ohne Registrierung einsehbar. Zum Unterschied von sozialen Netzwerken, deren Hauptanliegen es ist, Menschen zu vernetzen, die untereinander bereits in Beziehung stehen, ist es bei den Sharingportalen das gemeinsame Interesse am Inhalt, das Menschen zusammenbringt.

Auch **Podcasts** zählen zu den Sharing Plattformen. Ein **Podcast** ist eine Audio- oder Videodatei, die über das Internet verbreitet wird und von Interessenten bei Bedarf abgerufen bzw. auch als regelmäßige Sendung abonniert werden kann. Der Begriff setzt sich aus den Worten iPod und Broadcasting zusammen. Video-Podcasts werden manchmal auch als Vodcasts bezeichnet. Podcasts sind häufig auf Portalen z.B. von Verlagen oder Sendeanstalten zu finden oder eingebunden in Corporate Websites oder Blogs und dienen hauptsächlich der Informationsübermittlung.

Da Podcasts auf mobile Geräte heruntergeladen werden können, liegen ihre Vorteile auf der Hand: Der Nutzer bestimmt selbst den Zeitpunkt, wann er die Botschaften sieht oder hört, wobei mit hoher Aufmerksamkeit der Nutzer gerechnet werden kann. Inhalte können ausführlich behandelt werden, wobei jedoch darauf zu achten ist, dass die Spannung erhalten bleibt. Denn bei abflachendem Interesse wird der Hörer einfach abschalten. D.h. die Beiträge sollten vor allem bei der Gestaltung von Audiopodcasts durch wechselnde Sprecher und Musiksequenzen etc. aufgelockert werden. Die Reichweiten von Podcasts sind allerdings relativ gering. Die beliebtesten Anwendungen sind die Apple iTunes für Audiodateien. Video-Podcasts sind häufig in Websites eingebunden z.B. BMW (🖱 www.bmw.tv). Unternehmen betreiben zur Informationsübermittlung und Öffentlichkeitsarbeit oft Corporate Podcasts wie z.B. Bayer (🖱 www.podcast.bayer.de). Auch hier besteht die Möglichkeit, Schnittstellen zu anderen Social Media Plattformen herzustellen.

Einen Überblick über Podcasts bieten z.B. die Verzeichnisse 🖰 www.podcast.de oder 🖰 www.podcast.at.

Im Werbeeinsatz eignen sich Podcasts gut zur Verkaufsförderung, zur Steigerung der Bekanntheit, sie tragen zum Image-Aufbau bei, und aufgrund der Multimedialität ist mit erhöhter Aufmerksamkeit zu rechnen bzw. lassen sich dadurch Marken mit Emotionen aufladen.

### 3.6.4 Kollaborationsplattformen

Diesen Plattformen liegt die Nutzung der kollektiven Intelligenz (das Wissen vieler) zugrunde und die Idee, dieses gemeinsam generierte Wissen anderen zugänglich zu machen. Dazu haben sich eine Reihe von Diensten bzw. Plattformen entwickelt, auf denen Bookmarks, Wikis oder News angeboten werden.

**Wikis** sind Plattformen, auf denen Nutzer Beiträge oder Inhalte erstellen und pflegen können und andere Nutzer diese Inhalte beliebig und jederzeit ändern, ergänzen bzw. aktualisieren können. Die einzelnen Seiten sind durch interne Links miteinander verbunden, sodass Schlagwörter schnell recherchiert werden können. Wikis werden im Zuge des Wissensmanagements von Unternehmen als Enterprise Wikis z.B. im Projektmanagement oder in Forschung und Entwicklung eingesetzt und sind daher nur einem definierten Nutzerkreis zugänglich, wobei es durchaus möglich ist, auch Kunden zu integrieren, um dadurch Vertrauen aufzubauen und die Beziehung zu intensivieren. Bei öffentlichen Wikis wie z.B. der öffentlich zugänglichen Online Wissensenzyklopädie wikipedia.com. besteht die Möglichkeit, die Marke oder das Unternehmen einzutragen, um deren Image zu fördern.

**Social Bookmarking-Dienste** ermöglichen es, den Nutzern, Sammlungen von Lesezeichen (Bookmarks) im Internet anzulegen und zu verwalten und auf diese jederzeit zuzugreifen. Bookmarks anderer Nutzer können ebenfalls angesehen werden, sofern diese öffentlich zugänglich sind. Durch Vergeben von Schlagwörtern (Tags) können Webinhalte gemeinschaftlich klassifiziert werden und auf Social Bookmarking Plattformen mit anderen Nutzern öffentlich gemacht werden. Die Präsenz eigener Veröffentlichungen auf Social Bookmarking Plattformen fördert deren Verbreitung im Internet (Hettler 2010, S. 58ff). Plattformen dazu sind z.B. Delicious.com, Digg.com oder MisterWong.com.

Ähnlich wie Social Bookmarking Plattformen können Nutzer auf **Social News**-Seiten Links zu Online Nachrichten zusammenstellen und die Leser bewerten und kommentieren diese. Sie sind Plattformen für Informationen, die sich bei großer Beliebtheit oder Relevanz für die Leser rasch verbreiten lassen und daher für Unternehmen ebenso interessant sind wie Bookmarking Dienste (vgl. Grabs/Bannour 2012, S. 385). Beispiele für Social News Plattformen sind Digg, Reddit oder Webnews.de. Die Relevanz von Social Bookmarking- und Social News Plattformen für ein Unternehmen besteht in der Möglichkeit der Verlinkung zu unternehmenseigenen Seiten, was wiederum die Reichweite und Auffindbarkeit durch Suchmaschinen verbessert und somit auch die Nutzung als Werbeträger.

### 3.6.5 Entertainment Plattformen

Dazu zählen virtuelle soziale Welten und virtuelle Spielewelten (vgl. Fabian, 2011, S. 15). **Virtuelle soziale Welten** sind Online-Plattformen, die eine dreidimensionale, interaktive Umwelt nachbilden. Nutzer können in diesen Welten in Form von personalisierten Avartaren auftreten, d.h. sie schlüpfen in eine Online-Identität und interagieren mit der Online-Umgebung und anderen Usern. Dabei können sie – ähnlich wie in der realen Welt – ihr Verhalten im virtuellen Raum frei gestalten. Unternehmen haben dabei die Möglichkeit, mit ihrer Marke in diesen Welten präsent zu sein. Beliebte virtuelle Welten sind z.B. Second Life, Habba, Twinity oder The Sims Online.

Daneben werden auch eine Reihe von **Spielen mit sozialer Interaktionsmöglichkeit** online angeboten – von Schach mit zwei Spielern bis hin zu Online-Rollenspielen mit einer Vielzahl an Mitspielern, die gleichzeitig – je nach Regeln – Aufgaben lösen oder Herausforderungen bestehen müssen. Beispiele dazu sind Mmorpg (Massive Multiplayer Online Role Games) oder Minichip. Die Seiten können von Unternehmen einerseits als Werbeträger genutzt werden, indem sie Werbebotschaften platzieren (**In-Game-Advertising**), bzw. sind die Spiele gut für Product Placement geeignet oder sie produzieren selber Spiele – sogenannte **Adgames**. Das bekannteste ist wohl die legendäre „Moorhuhnjagd“ von Johnny Walker. Bei Spielen sollte die Werbebotschaft nicht zu aufdringlich wirken, das Spiel sollte leicht verständlich, leicht erlernbar und kostenlos sein. Da sich Spiele großer Beliebtheit als Pausenfüller erfreuen, werden sie auch gerne viral weiterverbreitet. Das Nutzungspotenzial von Online-Spielen steigt mit zunehmender Nutzung mobiler Endgeräte (Smartphones).

### 3.6.6 Social Media und Integrierte Marketingkommunikation

Die Social Media Kommunikation ist als ein möglicher Baustein der Integrierten Marketing-Kommunikation zu sehen und hat somit – ausgehend von der strategischen Positionierung, den anzusprechenden Zielgruppen und den zu erreichenden Kommunikationszielen – die definierten Kommunikationsrichtlinien (Botschaftsinhalte, Tonalität und Corporate Design) zu berücksichtigen.

Bei der Erstellung des Marketing-Kommunikationskonzeptes ist somit im Anschluss an die Zielsetzung der Kommunikation von der Frage auszugehen, wo die Berührungspunkte (auch Kontaktpunkte oder Touchpoints) der Marke mit den Zielgruppen sind – sowohl offline als auch online.

Denn Markenbekanntheit steigern, Awareness schaffen, Wissen über die Marke vermitteln, Image aufbauen oder festigen oder Kunden binden ist sowohl mit klassischen Kommunikationsinstrumenten (offline) als auch mit Online-Kommunikationsinstrumenten möglich. Daher ist – ausgehend von Zielen und Zielgruppen – zu überlegen, wie die einzelnen Marketing-Kommunikationsinstrumente – zu denen auch Social Media-Kommunikation zählt – entsprechend ihrer Vorteile und Leistungsfähigkeit zu kombinieren sind, um einen zielgruppenadäquaten und effizienten Kommunikations-Mix zu erhalten und so Synergien der einzelnen Kommunikationsinstrumente zu nutzen.

Das Mediaverhalten der anzusprechenden Zielgruppen ist dabei zu durchleuchten: welche Medien (Offline und Online) werden genutzt? Welche Rolle sollen die einzelnen Medien im Instrumente-Mix übernehmen? Wie können die einzelnen Kommunikationsinstrumente voneinander profitieren bzw. wie können sie sich optimal ergänzen, um die Kommunikationsziele bestmöglich zu erreichen? Aufgabe des Werbers ist es, die Instrumente durch Nutzung ihrer medienimmanenten Vorteile zu verknüpfen.

Vorteile von Social Media sind u. a. die Möglichkeit zur Konversation (Interaktivität), Mund-zu-Mund-Propaganda und die damit verbundene Viralität, Meinungsführer-Effekte, das durch das Netzwerk erzeugte Wir-Gefühl und Schnelligkeit. Angesichts dieser Vorteile, die auch im täglichen Leben einer Gemeinschaft vorzufinden sind, sind manche Werber geneigt, Social Media überdurchschnittliche Beachtung zu schenken.

Zunächst ist jedoch zu hinterfragen, wie Konversation im Netz zustande kommt, bzw. woher der Anstoß dazu kommt. Graham und Havlena haben 2007 bei 35 Marken aus den Produktkategorien Autos, Handel, technische Produkte, Reisen und Softdrinks über ein halbes Jahr lang den Einfluss von Fernseh-, Zeitschriften- und Online-Werbung auf Mund-zu-Mund-Propaganda,

Online-Meinungen, Suchanfragen und die Besuche auf Internet-Seiten zu diesen Marken analysiert. Das Ergebnis zeigte, dass Werbung auf alle vier Variablen einen signifikanten Einfluss hatte. D. h., Werbeimpulse führen dazu, dass sich Konsumenten für die Marken interessieren und über sie „sprechen“. Die dadurch erzeugte Mund-zu-Mund-Propaganda hat ihrerseits wieder einen positiven Einfluss auf Suchanfragen, auf Besuche der Corporate Website, auf positive Markenaussagen bzw. auf die Abgabe von Online-Meinungen.

Laut Kroeber-Riel/Esch (2011, S. 65f) wirkt Werbung als Katalysator: „weniger Werbung führt zu weniger Mund-zu-Mund-Propaganda“. Online- und Offline-Welt sind ebenso vernetzt wie persönliche Kommunikation und Massenmedien. Die Themen, über die gesprochen wird, werden oft durch Massenmedien vorgegeben. D. h. im Kommunikations-Mix sollte sowohl Online als auch Offline Kommunikation vorgesehen werden, wobei jedoch das Media-Verhalten der anzusprechenden Zielgruppe zu berücksichtigen ist.

Im Rahmen der Integrierten Kommunikation sollte eine Aufgabenteilung der Kommunikations-Instrumente vorgenommen werden: z.B. das Interesse an einer Marke durch klassische Werbung (Anzeige, TV-Spot) oder durch Promotionaktivitäten wecken, der Bedarf an weiteren bzw. Detail-Informationen wird online gedeckt, oder bei einer Promotion erfolgt die Interaktion mit der Marke online z.B. durch Hochladen von Bildern oder Filmen, um an einem Preisausschreiben teilzunehmen, oder ein Event stimuliert die digitale Mundpropaganda bzw. die Konversation auf Social Media Plattformen.

Häufig werden in Anzeigen, auf Plakaten oder Packungen **QR-Codes** (QR = **Q**uick **R**esponse) verwendet (→ vgl. Abb. 5). Sie werden – größtenteils mit dem Smartphone – gescannt und ermöglichen so unmittelbar einen direkten Zugriff auf Online-Informationen z.B. auf Websites oder Produktvideos. Dadurch ist es möglich, eine unmittelbare Verbindung zwischen Offline- mit Online-Kommunikation herzustellen.

Abb. 5: Beispiel für einen QR-Code: Dieser führt auf die Website der österreichischen Werbewissenschaftlichen Gesellschaft (WWG)

Im Social Web finden „Gespräche über Unternehmen und Marken" mit und ohne Anwesenheit des Unternehmens statt, indem die Nutzer ihre Erfahrungen und Meinungen untereinander austauschen. Die Frage für ein Unternehmen ist, ob es sich an den „Gesprächen" aktiv beteiligt, um etwa die Meinungen zu beeinflussen.

Grundsätzlich hat ein Unternehmen drei Möglichkeiten, Social Media zu nutzen: Es kann sich z.B. durch Mitarbeiter, die sich als solche deklarieren – an der Konversation auf denjenigen Plattformen beteiligen, auf denen seine Zielgruppen präsent sind und dadurch z.B. Themen vorgeben oder Standpunkte darlegen und so die Meinungen beeinflussen. Oder das Unternehmen betreibt eigene Seiten auf Plattformen: BMW, Daimler oder Coca Cola z.B. bieten mit eigenen Seiten in sozialen Netzwerken wie z.B. auf Facebook Kommunikations- und Interaktionsmöglichkeiten für die Zielgruppen durch direkte Verlinkung. Die dritte Möglichkeit ist, auf Social Media-Seiten von Dritten Werbebotschaften zu platzieren, was durch Targeting-Möglichkeiten vieler digitaler Diensteanbieter ohne große Streuverluste möglich ist.

Beim Einsatz von Social Media sollte auch berücksichtigt werden, dass dieses Kommunikationsinstrument einen offenen und transparenten Umgang mit den Stakeholdern erfordert, und dieser sollte zur bisher gepflogenen Unternehmensphilosophie passen.

Weiters ist es notwendig, dass das Unternehmen „zuhört“, um auf die Konversationsinhalte entsprechend eingehen und reagieren zu können.

### 3.6.7 Kritische Würdigung von Social Media

Social Media ist gekennzeichnet durch hohes Medien Involvement der Nutzer, Interaktivität, Schnelligkeit, Aktualität, Transparenz, Viralität und Emotionalität. Emotionalität wird vor allem durch offene Sympathiebekundungen, durch Empfehlungen, durch die Vielfalt an Multimediaanwendungsmöglichkeiten und das Wir-Gefühl der Community bewirkt.

Die Vorteile dieses Kommunikationsinstrumentes können schnell in Nachteile für ein Unternehmen umschlagen, nämlich wenn unsachgemäße oder negative Kommentare von Nörglern oder Störenfrieden geäußert werden. Durch die Verknüpfung von Social Media Plattformen untereinander kann rasch eine **unkontrollierte Informationswelle** ins Rollen kommen. Dies macht ein ständiges Beobachten der Konversation auf den Online Plattformen notwendig (Social Media Monitoring), um nachteilige Meldungen rasch identifizieren und sofort darauf reagieren zu können – sei es mit objektiven Informationen oder mit einer Klarstellung des eigenen Standpunktes, wobei jedoch zu beachten ist, dass den Kommentaren von Community-Mitgliedern oft mehr Glauben geschenkt wird als jenen des betroffenen Unternehmens.

Ein Risiko sind auch **Manipulationsversuche**, so können beispielsweise ganze Seiten lahmgelegt werden. Aber auch *Massen-*

*effekte*, z.B. viele negative persönliche Meinungen der Nutzer können schnell und unkontrollierbar zu Imageschäden führen.

Eine weitere Gefahr besteht in der Sorglosigkeit oder Unerfahrenheit von eigenen Mitarbeitern, die es vielleicht sogar gut meinen, aber über ihr Unternehmen oder dessen Produkte unsachgemäß oder sogar falsch berichten oder Interna ausplaudern.

Da sich im Netz einmal abgegebene Kommentare nicht mehr zurücknehmen lassen bzw. einmal angestoßene Themen oder Botschaften leicht verselbständigen können, sind die Vor- und Nachteile einer Unternehmens- oder Marken-Präsenz im Netz sorgfältig abzuwägen. Ein Imageschaden kann binnen Augenblicken entstehen, der Imageaufbau jedoch dauert Jahre.

Auch stehen soziale Netzwerke zunehmend in der Kritik von Nutzern und Konsumenten, werden doch Daten über ihr Online-Verhalten und über sie selbst von Netzwerkbetreibern gesammelt und kommerziell verwertet, indem sie z.B. an die Werbewirtschaft weitergegeben werden.

# 4 Erfolgskontrolle der Online-Kommunikation

Als Werbeträger hat das Internet seinen Platz in den Mediaplänen vieler Werbetreibenden gefunden. Es bietet folgende Vorteile:

- Das Internet ist 24 Stunden am Tag und international verfügbar.
- Es ist ein aktives, dialogfähiges und partizipatives Medium und ermöglicht die direkte Kommunikation der Internet-Nutzer untereinander.
- Als Realtime Marketinginstrument bietet es rasche Reaktionsmöglichkeiten, Informationen können jederzeit aktualisiert und modifiziert werden.
- Des Weiteren erlaubt es eine zielgruppenspezifische Ansprache. Vor allem in sozialen Netzwerken können auf Basis der von den Nutzern bekannt gegebenen persönlichen Daten Zielgruppen exakt definiert und Streuverluste vermieden werden.
- Der Anteil des Internets am Gesamtwerbevolumen ist in allen Ländern in den letzten Jahren gestiegen (z.B. in Europa 2012 auf 5 % - 6 % und in den USA 2012 auf ca. 10 %). Die Werbung konzentriert sich vorwiegend auf wenige kontaktstarke Websites wie Suchmaschinen oder Portale. Genutzt wird hauptsächlich Bannerwerbung, die allerdings geringe Click-Raten von im Durchschnitt weniger als 0,15 % (Fullbanner 0,06 %) aufweist. Auch das Suchmaschinenmarketing und Keyword-Werbung stellt eine Form der Online-Werbung dar.

## 4.1 Kennzahlen zur Beurteilung der Eignung von Websites als Werbeträger

Internet ist das einzige Medium, das unmittelbar Nutzungsdaten liefert, da es ständig einige Leistungskennzahlen mitprotokolliert. Zur Leistungsmessung stehen zwei Methoden zur Verfügung: die serverseitige Methode und die nutzerseitige Methode. Unter der serverseitigen Methode wird die Aufzeichnung von Nutzungsvorgängen über die Verbindungsdaten verstanden, die in einem Serverprotokoll, den so genannten Log-Files, ständig aufgezeichnet werden. Die Analyse der Log-Files liefert eine Fülle von Kennzahlen, die allerdings nichts über die Zahl und die demografische Struktur der Besucher der Website aussagen. Nutzerseitige Methoden setzen bei den Internet-Nutzern an. Sie erheben einerseits die Zahl und Struktur der Besucher bestimmter Websites, Motive zum Besuch einer Website bis hin zur qualitativen Bewertung bestimmter Websites. Zu den nutzerseitigen Methoden zählen klassische Umfragen (z.B. Telefonumfrage über die am häufigsten besuchten Websites), Online-Befragungen oder Internetpanels, in denen Tag für Tag aufgezeichnet wird, wer wie lange welche Websites besucht. Umfragen im Internet haben einen großen Nachteil. Erwiesenermaßen nehmen Intensivnutzer und/oder Surfer mit viel Freizeit in überdurchschnittlichem Ausmaß an Internet-Umfragen teil, wodurch eine systematische Verzerrung der Ergebnisse eintritt und keine für alle Internet-Nutzer repräsentative Stichprobe zu Stande kommt.

### 4.1.1 Serverseitige Kennzahlen zur Beurteilung der Leistungsstärke von Websites

Diese Kennzahlen werden laufend erhoben und publiziert. In Deutschland stellt die IVW (www.ivw.de), in Österreich die ÖWA (www.oewa.at) und in der Schweiz die WEMF (www.wemf.ch) Monat für Monat die jeweils aktuellen Zugriffszahlen für die meistbesuchten Websites zur Verfügung, um die Online-Mediaplanung zu erleichtern.

- **Unique Clients:** Zahl der PCs, von denen mittels Browser auf Websites zugegriffen wird
- **Visits:** Visits drücken die Zahl der Besucher auf zumindest einer Seite eines Online-Angebotes aus und nicht die Zahl der Besucher einer Website in einem bestimmten Zeitraum (üblich ist ein Monat). Beispiel: Die Website www.spiegel.de hat im Mai 2012 rund 17 Millionen Visits erzielt. Man weiß allerdings nicht, wie viele Personen dahinter stecken: Haben beispielsweise 1 Million Personen die Spiegel-Website 170 mal in diesem Monat besucht oder 170 Millionen Personen die Website je 1-mal in diesem Monat?
- **Page Impressions:** Diese Kennzahl drückt die Zahl der während aller Besuche insgesamt aufgerufenen Unterseiten einer Website in einem Monat aus (Klickzahlen). Die Spiegel-Website hat im Mai 2012 rund 875 Millionen Page Impressions erzielt. Das bedeutet, dass während der 170 Millionen Besuche insgesamt 875 Millionen Mal Unterseiten zu bestimmten Themen (z.B. Außenpolitik, Wirtschaft usw.) aufgerufen wurden. Diese Kennzahl gibt die reinen Bruttokontakte wieder und nicht den Eindruck (Impression), den eine Website auf den Betrachter macht. Darüber hinaus stellt ein weiteres Problem die Aussagekraft von Visits und Page Impressions in Frage: Es gibt Computerprogramme, die andauernd automatisch Websites aufrufen können und die ein unseriöser Website-Betreiber zur Verbesserung seiner Besucherstatistiken einsetzen kann.
- **Ad Impressions:** Diese Kennzahl drückt die Zahl der während aller Besuche insgesamt aufgerufenen Unterseiten aus, auf denen zumindest ein Werbebanner platziert war. Dieser Wert kann auch für die jeweils konkrete Unterseite ausgewiesen werden: Angenommen die Startseite der Rubrik „Auto“ auf der Spiegel-Website (🖱 www.spiegel.

de/auto) hätte einen Banner der PKW-Marke Mercedes oben links platziert, der in einem Monat 800.000 Ad Impressions erzielt hätte. Das würde bedeuten, dass diese Seite 800.000 Mal aufgerufen wurde. Von wie vielen Besuchern der Mercedes-Banner tatsächlich gesehen (beachtet) wurde, wird durch diese Zahl nicht ausgedrückt, ebenso wenig bei wie vielen und welchen Personen der Mercedes-Banner einen Eindruck hinterlassen hat.

- **Ad Clicks:** Diese Kennzahl gibt an, wie oft ein Werbebanner tatsächlich angeklickt wurde. Angenommen der Mercedes-Banner in der „Auto“ Rubrik der Spiegel-Website wurde in einem Monat insgesamt 4000 Mal angeklickt und dadurch 4000 Mal die Mercedes-Website aufgerufen.
- **Ad Click-Rate:** Sie gibt das Verhältnis der Ad Clicks auf einen Banner im Verhältnis zur Zahl der Aufrufe der entsprechenden Seite, auf der der Banner platziert war, an. In unserem Beispiel ergibt sich für den Mercedes-Banner eine Ad-Click-Rate von 0,5 % (4000 Ad Clicks: 800.000 Ad Impressions). Die durchschnittliche Ad Click-Rate liegt unter 0,5 %; die Ad Click-Rate hängt natürlich sehr stark von der Gestaltung der Werbebanner ab.
- **TKP:** Diese Kennzahl bezeichnet den Tausend-Kontakt-Preis und ist ein Indikator für das Preis-Leistungs-Verhältnis. Er gibt an, was 1000 Ad Clicks oder 1000 Ad Impressions auf einer Website kosten. Er ist ein wichtiges Auswahlkriterium bei der Planung einer Internet-Werbekampagne.
- **User Time:** Diese Kennzahl drückt aus, wie lange die komplette Website oder eine bestimmte Unterseite während eines Besuchs aufgerufen worden sind. Wie lange jemand wirklich die Inhalte (Text, Bilder) auf dem Bildschirm betrachtet hat, gibt diese Kennzahl nicht an.
- **Ad-View-Time:** Diese Kennzahl drückt aus, wie lange die Unterseite, auf der ein Banner platziert wurde (beispielswei-

se die Startseite der Rubrik „Auto“ auf der Spiegel-Website, auf der der Mercedes-Banner platziert war) aufgerufen war.

- **Transaktionsrate:** Werden Banner mit einem Code versehen, der die Information an den Werbetreibenden rücksendet, dass eine Kaufhandlung durch den Ad Click generiert wurde (Beispiel: Jemand, der durch den Klick auf den Banner eines Internet-Buchladens auf dessen Website landet, kauft während dieses Besuchs gleich ein Buch), kann daraus die Transaktionsrate ermittelt werden. Sie errechnet sich einfach aus dem Verhältnis der Zahl der Bestellungen zu den Ad-Clicks.

Der Hauptvorteil der serverseitigen Kennzahlen ist die einfache und kostengünstige Erhebung. Ihr gravierendster Nachteil ist, dass sie keine Informationen darüber liefern, was den Mediaplaner am meisten interessiert: Wie charakterisieren sich diese Personen, die eine bestimmte Website besucht haben und wie oft haben sie diese besucht?

### 4.1.2 Nutzerseitige Kennzahlen von Websites

Diese Kennzahlen werden direkt bei den Internet-Nutzern durch elektronische Aufzeichnung der Internet-Nutzung kombiniert mit einer Befragung erhoben (Online-Panels oder Onsite-Befragung – ÖWAplus in Österreich). Eine genaue Messung des Surfverhaltes ist durch eine sekundengenaue Registrierung in einem für die Internet-Nutzer repräsentativen Panel mittels einer maßgeschneiderten Computersoftware möglich. Dies wird seit Anfang 1998 in den USA und seit 2000 auch in europäischen Ländern gemacht. Die wichtigsten Online-Panels sind MMXI-Europe (🖱 www.mmxieurope.com), Nielsen-Net-Ratings (🖱 www.nielsen-netratings.com) und NetValue. Diese Panels liefern Daten über die tatsächlichen Reichweiten einer Website und die Merkmale der Besucher. Konkret werden folgende Kennzahlen ermittelt, die für die Auswahl der zielgruppengerechten Websites für eine Internet-Werbekampagne herangezogen werden können:

- **Unique Audience:** Hochgerechnete Anzahl der Besucher, die in einem bestimmten Zeitraum (üblich ist ein Monat) eine bestimmte Website besucht haben (angenommen: 10,5 Mio. Internet-Nutzer in deutschen Privathaushalten, die im Mai 2012 die Spiegel-Website zumindest einmal besucht haben).
- **Reichweite:** Unique Visitors im Verhältnis zu all jenen Personen, die in diesem Zeitraum zumindest 1-mal gesurft haben. In unserem Beispiel: 10,5 Mio. Besucher der Spiegel-Website bezogen auf hochgerechnet 1000 Mio. Personen, die im Mai 2012 zumindest einmal im WWW gesurft haben, ergeben eine Reichweite von 1,05 %. Von diesen Besuchern ist auch die für die Mediaplanung erforderliche sozidemografische Struktur bekannt (z.B. 72 % Männer, 28 % Frauen, 21 % mit Universitätsabschluss usw.)

Darüber hinaus liefern die Paneldaten Informationen über die soziodemografische Zusammensetzung der Internet-Nutzer bzw. Nutzer bestimmter Websites. Natürlich kämpfen auch die Internet-Nutzungspanel mit einigen schwierigen Problemen: Aufgrund der hohen Dynamik der Entwicklung der Internet-Nutzer und deren Struktur ist eine ständige Anpassung des Panels an die Grundgesamtheit der Internet-Nutzer erforderlich (z.B. Erhöhung des Anteils an älteren Personen), um die Repräsentativität zu gewährleisten.

Die Software zur Messung des Internet-Nutzungsverhaltens kann in den meisten Ländern nur auf PCs in privaten Haushalten installiert werden, dagegen nicht an den Arbeitsplätzen (viele Arbeitgeber verweigern die Installation), an Universitäten und Schulen. Daher geben die Paneldaten nur Auskunft über das private Online-Nutzungsverhalten und nicht über das beträchtliche Ausmaß an Internet-Nutzung im Büro, an der Universität oder in der Schule.

Die großen Teilnehmerzahlen an den Panels in den einzelnen Ländern (Größenordnung von 50.000 Personen) bewirken, dass die Reichweiten der beliebten und meistbesuchten Websites statistisch gut abgesichert sind. Bei speziellen Websites zu bestimmten Themen sinken die Fallzahlen der Besucher drastisch ab, wodurch die statistische Fehlerspanne der Kennzahlen für diese Website die üblichen Genauigkeitswerte überschreitet und daher die Kennzahlen für den Mediaplaner nicht brauchbar sind. Gerade diese kleinen Spezialwebsites wären aber für die Werbetreibenden sehr interessant, da sie von der Kernzielgruppe stark frequentiert werden.

Da auch jede Form der Online-Kommunikation – seien es Banner auf einer Website, ein Corporate Blog, eine Fanseite in einem sozialen Netzwerk oder ein Nutzerbeitrag über die Marke/Firma – zur Markenbekanntheit, Bildung von Images, Präferenzen oder Kaufabsichten beiträgt, werden auch hier die üblichen klassischen Werbewirkungs-Messverfahren wie z.B. Erinnerungsmessung, Imagemessung u.Ä. herangezogen.

## 4.2 Indikatoren zu Beurteilung von Social Media

Auch bei Social Media sind oben beschriebene Reichweiten-Kennzahlen möglich. Jedoch sollten hier neben *Aufmerksamkeit* (z.B. gemessen an Seitenaufrufen) auch weitere Faktoren, die für Social Media kennzeichnend sind, kontrolliert werden (vgl. Hettler 2010, S. 234): *Partizipation* der Nutzer mit dem Inhalt der Marke/des Unternehmens z.B. gemessen an der Anzahl der Kommentare dazu, Ratings, Weiterempfehlung; *Autorität* der eigenen Inhalte auf den Plattformen, z.B. gemessen an der Zahl der Empfehlungen in Social Bookmarking Diensten, Links auf die eigenen Inhalte wie z.B. Blogbeiträge, Youtube-Videos; *Einfluss* auf Marken-Anhänger, z.B. gemessen an der Zahl der

Fans der eigenen Facebook-Seite, der Twitter-Follower, Zahl der Blogbeitrag- oder Podcast-Abonnenten.

Auch der *Mundpropaganda-* oder *Abstrahleffekt* kann z.B. in Form eines Share-of-Voice oder Share-of-Buzz (Markenerwähnung/ Gesamterwähnung) einer Plattform gemessen werden.

Aus den nutzergenerierten Inhalten auf Social Media Plattformen wie z.B. Blogs, Produktbewertungsseiten, Postings (Beiträgen) in sozialen Netzwerken, lassen sich eine Fülle von Informationen gewinnen, die für Unternehmen und Marken relevant sein können. Für die systematische Beobachtung und Auswertung von nutzergenerierten Beiträgen hat sich der Begriff **Social Media Monitoring** eingebürgert. Es umfasst das Ermitteln und Beobachten von „Gesprächen" d.h. nutzergenerierten Beiträgen, die Erwähnung von Unternehmen, Marken, die Identifikation von Meinungen zu Marken, Unternehmen, zu Produkten und Dienstleistungen, Feststellen von Trends, Wettbewerbsbeobachtung, Ermittlung von Meinungsführern bis hin zum Reputations-Frühwarnsystem. In Letzterem wird erfasst, welche Meinungen oder Äußerungen sich negativ auf die Reputation einer Firma oder Marke auswirken könnten, und auf welchen Plattformen dies geschieht.

Das Social Media Monitoring kann mittels frei verfügbarer Tools und Internetdiensten durchgeführt werden (z.B. Google Alert, SocialMention.com oder HowSociable.com). Aber auch Marktforschungsunternehmen übernehmen das Social Media Monitoring, wobei spezielle Programme die Social Media Plattformen nach definierten Schlüsselbegriffen durchforsten.

# 5 Rechtliche Bestimmungen für die Online-Kommunikation

Auch im Internet bestimmen rechtliche Spielregeln die Kommunikation. Ebenso wenig wie es ein einheitliches Werberecht gibt, gibt es auch kein eigenes Internetrecht, sondern es sind auch hier Rechtsbestimmungen zu beachten, die Bereiche des Internets betreffen. Grundsätzlich haben Unternehmen bei der Online-Kommunikation und auch bei Auftritten in sozialen Netzwerken dieselben Regeln der Rechtsordnung zu beachten, die außerhalb des Internets gelten. Zusätzlich zu den Bestimmungen des UWG, (Gesetz gegen unlauteren Wettbewerb) des Standes- und Urheberrechts, seien hier einige weitere relevante Bestimmungen exemplarisch angeführt, die jedoch keinesfalls Anspruch auf Vollständigkeit erheben.

Die wichtigsten Formen der Online Kommunikation sind massenhaft versendete E-Mails und die Präsentation des Unternehmens oder der Marke auf einer Website. Weiters können noch Bewertungen und Kommentare von Internet-Nutzern auf Social Media Plattformen rechtliche Relevanz erlangen.

Beim Errichten einer **Website** oder Einrichten eines **Accounts** auf Social Media Plattformen ist ein **Domainname** zu wählen. Prinzipiell werden Domainnamen nach dem Prioritätsprinzip (first come, first served) von den zentralen Registrierungsstellen vergeben, die allerdings keine rechtliche Prüfung der Namen vornehmen. Ausnahmefälle sind z.B. irreführende Namen (§ 3 UWG). Bei der Wahl des Domainnamens sind fremde Marken- oder Namensrechte zu beachten (Markengesetz), bzw. ist auch darauf zu achten, dass keine Verwechslungsgefahr mit fremden Marken- oder Namensinhabern entsteht (missbräuchliche Nutzung § 1 UWG).

Bei der Auswahl der **Inhalte** wie z.B. Bilder, Texte, Musik, Videos, Grafiken usw., die auf Websites oder Social Accounts verwendet werden, ist auf das Urheberrecht (UrhG) zu achten. Ihre Nutzung muss vom Urheber erlaubt sein. Urheberrecht entsteht automatisch mit der Umsetzung einer geistigen Idee, ohne dass es einer Registrierung bedarf (Wien, 2012, S. 57). Urheberrechtsverletzungen können vom Urheber eingeklagt werden. Sie gehören zu den wohl häufigsten Rechtsverstößen im Internet, da es oft ein Leichtes ist, fremde Inhalte zu kopieren und weiter zu verwenden und zu verbreiten – vor allem auf sozialen Plattformen. Eine Ausnahme stellen die „freien Inhalte“ (Creative Commons) dar, bei denen der Urheber eine individuelle Nutzung erlaubt, nicht aber eine kommerzielle (z.B. http://de.creativecommons.org).

Auch die Veröffentlichung von **Fotos** von Personen im Internet ist grundsätzlich nur mit der Einwilligung der Abgebildeten möglich; dies gilt auch für Unternehmensmitarbeiter, deren Fotos z.B. auf der Corporate Website eingebunden werden.

Weiters gilt auch für Websites, E-Mails und E-Mail Newsletter die **Informationspflicht**. In Deutschland regelt dies das Telemediengesetz (§ 5 Abs. 1 TMG), in Österreich das E-Commerce-Gesetz (§ 5 Abs. 1 ECG). Danach sind im Impressum Name der Firma, Anschrift, Geschäftsführer oder Vorstand, E-Mail Adresse, Angaben über die zuständigen Aufsichtsbehörden, Handelsregister und USt-Identifikations-Nummer anzugeben.

Beim **Massen-E-Mail-Versand** (über 50 E-Mails) zu Werbezwecken ist zu beachten, dass generell ein Spamming-Verbot gilt, d.h., es darf keine vom Adressaten unangeforderte elektronische Post versandt werden: (Deutschland: § 6 Abs. 2 TMG (Telemediengesetz); Österreich: § 7 ECG (E-Commerce-Gesetz) und § 107 TKG (Telekommunikationsgesetz)). Der Adressat hat danach einem Versand ausdrücklich zuzustimmen (Opt-in), oder er hat seine Kontaktdaten dem Werbenden im Zusammenhang mit dem Kauf eines Produktes zur Verfügung gestellt, wobei er die Möglichkeit eines Widerrufs haben muss (Opt-out-Möglichkeit). Im Fall von **E-Mail Newsletter** bedarf es eines Double-Opt-Ins in Form einer Bestätigungs- E-Mail.

Darüber hinaus darf in der Kopf- und Betreffzeile einer Werbe-E-Mail weder der Absender noch der Werbecharakter einer Nachricht verschleiert werden (Österreich: §§ 6-7 ECG und Deutschland: § 6 Abs. 2 TMG).

Das Web 2.0 bietet jedem Nutzer die Möglichkeit, selber Inhalte zu produzieren und ins Netz zu stellen, und unter anderem auch **Kommentare und Bewertungen auf Social Media Plattformen** abzugeben.

Grundsätzlich herrscht im Internet ebenso Meinungsfreiheit, wie im realen Leben der Westlichen Welt. Sie ist auch in den Grundrechten deren Bürger verankert. Bei Kommentaren und Bewertungen auf Social Media Plattformen, die Unternehmen oder Marken betreffen, ist von den betroffenen Unternehmen gegebenenfalls zu prüfen, ob sie gegen strafrechtliche Bestimmungen verstoßen: Erwiesenermaßen falsche Tatsachenbehauptungen, eine geschäftsschädigende Auswirkung haben können, wie z.B. über die Beschaffenheit eines bestimmten Hotelzimmers, erfüllen den Tatbestand der Verleumdung und können somit strafrechtlich verfolgt werden, ebenso wie Beleidigungen oder üble Nachrede (vgl. Wien, 2012, S. 184 ff.). Es kann eine Löschung der Inhalte beantragt werden.

Generell sollten bei einer geplanten Nutzung des Internets bzw. sozialer Netzwerke zu Werbezwecken die Inhalte einer rechtlichen Prüfung unterzogen werden, so wie dies auch bei Inhalten von Anzeigen, Prospekten, TV Spots usw. der Fall ist. Auch die jeweiligen Nutzungsbedingungen der Betreiber von Online-Plattformen sollten dahingehend geprüft werden, ob eine kommerzielle Nutzung überhaupt zulässig ist.

## Datenschutz

Wenn sich ein Nutzer im Internet bewegt, hinterlässt er nachvollziehbare Spuren. Dazu setzen Anbieter von Internetdiensten sogenannte Cookies (Computerprogramme, die während einer Internet-Sitzung Nutzerdaten sammeln) ein. Mittels des heutigen Stands der Informationstechnologie können auf Basis der so aufgezeichneten Daten über das Internet-Nutzungsverhaltens genaue Nutzerprofile erstellt, verknüpft und gespeichert werden. Da der Umgang mit personenbezogenen Daten den einzelnen in seinem Persönlichkeitsrecht beeinträchtigen kann, wurde dies in Deutschland im Bundesdatenschutzgesetz und in Landesdatenschutzgesetzen und in Österreich im Datenschutzgesetz 2000 geregelt. Danach ist eine Erhebung, Verarbeitung und Nutzung von Daten nur erlaubt, soweit dies eine Rechtsvorschrift explizit erlaubt oder der Betroffene hierin eingewilligt hat. Dabei gelten die Datenschutzbestimmungen subsidiär, d.h. es muss zunächst immer geprüft werden, ob es nicht andere rechtlichen Regelungen zu personenbezogenen Daten gibt (vgl. Wien, 2012, S. 203). Dadurch ist die Thematik sehr unübersichtlich und nicht gerade einfach anzuwenden. Die Datenschutzgesetze gelten lediglich für natürliche Personen, nicht für Unternehmen und beziehen sich auf Daten, die sich auf eine bestimmte oder bestimmbare Person beziehen.

Relevanz erlangt dies für Dienstebetreiber dann, wenn sie die gespeicherten Daten für konkretisierbare Personen auswerten. Mit diesbezüglichen Vorwürfen wird das weltweit größte soziale Netzwerk Facebook laufend von Datenschützern konfrontiert, zumal Facebook technisch erhobene Daten mit persönlichen Angaben des Nutzers kombinieren und personenbezogen auswerten kann. Erfolgt lediglich eine anonymisierte Auswertung der Daten, liegt kein Verstoß gegen Datenschutzrecht vor (Wien, 2012, S. 206).

Im Bereich Datenschutz gibt es viele Diskussionen, da bis dato weder für den Verbraucher noch für die Unternehmen befriedigende Lösungen durch den Gesetzgeber geschaffen worden sind, und es scheint, dass die Gesetzgebung der rasanten Entwicklung der Informationstechnologie hinterherhinkt.

# Literatur

AIM – Austrian Internet Monitor, Kommunikation und IT in Österreich, durchgeführt von Integral, Oktober bis Dezember, Wien 2011.

ARD/ZDF-Online Studie 2011, online unter: www.ard-zdf-onlinestudie.de abgerufen am 25.05.2012.

Bauer, H.H., Große-Leege, D., Rösger, D., (Hrsg.), Interactive Marketing im Web 2.0, 2. Aufl., München 2008.

Bauer, H.H., Martin I., Albrecht C.-M., Virales Marketing als Weiterentwicklung des Empfehlungsmarketing, in: Bauer H.H., et al., Interactive Marketing im Web 2.0, 2. Aufl., München 2008, S. 57–71.

Belch, G.E., Belch, M.A., Advertising and Promotion: An Integrated Marketing Communications Perspective, 6. ed., Boston 2004, 9. ed 2012.

Bruhn, M., Kommunikationspolitik, München, 6. Aufl. 2010.

Bruhn, M., Unternehmens- und Marketingkommunikation, 2. Aufl. München 2011.

Buchele, M.-S., Alkan, S., Websites als Basis der Unternehmenskommunikation im Internet, in: Zerfaß, A., Pleil, T. (Hrsg.), Handbuch Online PR, Konstanz 2012, S. 219–236.

Ceyp, M.H.; Positionierung im Web: Suchmaschinen, Verlinkung, Widgets; in: Zerfaß A., Pleil T., (Hrsg.); Handbuch Online-PR, Konstanz 2012, S. 111-119.

Crux, R., Crossmedia-Marketing – Kommunikation auf allen Kanälen, in: Kracke, B., (Hrsg.), Crossmedia-Strategien, Wiesbaden 2001, S. 17–32.

DIVSI Milieu-Studie zu Vertrauen und Sicherheit im Internet, eine Grundlagenstudie des SINUS-Institut Heidelberg im Auftrag des Deutschen Instituts für Vertrauen und Sicherheit im Internet (DIVSI), Hamburg 2012.

Esch, F.-R., Aufbau starker Marken durch integrierte Kommunikation, in: Esch, F.-R., (Hrsg.), Moderne Markenführung, 4. Aufl., Wiesbaden 2005, S. 707–746.

Esch, F.-R., Wirkung integrierter Kommunikation – Ein verhaltenswissenschaftlicher Ansatz für die Werbung, 5. Aufl., Wiesbaden 2011.

Fabian, R., Kundenkommunikation über Social Media, Lohmar-Köln 2011.

Fritz, W., Internet-Marketing und Electronic Commerce: Grundlagen – Rahmenbedingungen – Instrumente, 4. Aufl., Wiesbaden 2010.

Grabs, A., Bannour K.-P.; Follow me! Erfolgreiches Social Media Marketing mit Facebook, Twitter und Co., 2. Aufl., Bonn 2012.

Graham, J., Havlena W., Finding the „Missing Link": Advertising's Impact on Word of Mouth, Web Searches and Site Visits, in: Journal of Advertising Research, Vol. 47, No.4 2007, S 427-435.

Häupl, T., Mayr, V., Einsatz von Fully Integrated Buzz Marketing zur Steigerung der Attraktivität der Werbewissenschaftlichen Gesellschaft für studentische Mitglieder, Diplomarbeit an der WU Wien, 2007

Heinemann, Ch., Werbliche Kommunikation im interaktiven Fernsehen, in: Silberer, G., (Hrsg.), Interaktive Werbung, Stuttgart 1997, S. 197–224.

Hettler, Ch.; Social Media Marketing, München 2010.

Hilker, C., Erfolgreiche Social-Media-Strategien für die Zukunft, Wien 2012.

Huber M., Kommunikation im Web 2.0, Konstanz 2008 und 2. Aufl. 2010.

Initiative D21 (Hrsg.); (N)ONLINER Atlas 2011, eine Studie der Initiative D21, durchgeführt von TNS Infratest, 2011.

Kent R., Brandal H., Improving E-Mail response in a permission marketing context, in: International Journal of Market Research, 4/2003, S. 489–503.

Kracke, B., (Hrsg.), Crossmedia-Strategien, Wiesbaden 2001.

Kroeber-Riel, W., Weinberg, P., Gröppel-Klein, A., Konsumentenverhalten, 9. Aufl., München 2009.

Kroeber-Riel, W., Esch F.-J., Strategie und Technik der Werbung, 7. Aufl., Stuttgart 2011.

Kurz., H., Determinanten der Akzeptanz von Firmenauftritten im Internet, in: Der Markt 3 + 4, 1998, S. 215–226.

Kuß, A., Tomczak, T., Käuferverhalten, 4. Aufl., Stuttgart 2007.

Lange, M., Social Media – im Spannungsfeld zwischen Kulturwandel und Kampagne; in: Ruisinger D., Online Relations, Stuttgart, 2. Aufl. 2011, S. 227-232.

Langner, S.; Viral Marketing – wie Sie Mundpropaganda gezielt auslösen und Gewinn bringend nutzen, 3. Aufl., Wiesbaden 2009.

Mahrdt, N.; Crossmedia, Wiesbaden 2009.

Mühlenbeck F., Skibicki K., Community Marketing Management, 2. Aufl., Norderstedt 2008.

Nielsen Global Trust in Advertising Survey 3. Quartal 2011, Ergebnisse für Deutschland.

Nolte, A., Werbung mit Werbespielen, in: Silberer, G. (Hrsg.), Interaktive Werbung, Stuttgart 1997, S. 87–98.

(N)ONLINER Atlas 2011, Hrsg. von Initiative D21, Studie durchgeführt von TNS Infratest, 2011

Prox, Ch., Markenführung 2020 – Wie die neuen Medien die Mechanismen der Marken-führung ändern: in: transfer Werbeforschung & Praxis, 57 (2) 2011, S. 24-30.

Ruisinger, D., Online Relations, Stuttgart, 2. Aufl. 2011.

Schiffman, L.G., Kanuk, L., Consumer Behavior, 10. ed., Upper Saddle River 2010.

Schüller, A.M.; Touchpoints. Auf Tuchfühlung mit dem Kunden von heute, Offenbach 2012.

Schwarz, T., Permission Marketing, Würzburg 2001.

Silberer, G., (Hrsg.), Interaktive Werbung, Stuttgart 1997.

Smith P.R., Chaffey D.; eMarketing eXcellence, 2. ed., Oxford 2005.

Solomon, M.R., Consumer Behavior, Buying, Having and Being, 9. ed., Boston 2011.

Stauss, B., Weblogs als Herausforderung für das Customer Care, in: Bauer H.H., et al., Interactive Marketing im Web 2.0, 2. Aufl., München 2008, S. 251–266.

Strauss, J., Frost R.; E-Marketing, 6. ed., Upper Saddle River 2012.

Thiedeke, U., (Hrsg.); Virtuelle Gruppen, 2. Aufl., Wiesbaden 2003.

Trommsdorff, V., Konsumentenverhalten, 8. Aufl., Stuttgart 2011.

Tropp, J., Moderne Marketing-Kommunikation. System-Prozess-Management, Wiesbaden 2011.

Unger, F., Fuchs, W., Management der Marktkommunikation, Heidelberg, 2. Aufl. 1999 und 4. Aufl. 2007.

Unger, F., Fuchs W., Michel B., Mediaplanung, 6. Aufl. Berlin 2013.

Van der Lans, R., van Bruggen G., Viral Marketing: What Is It, and What Are the Components of viral Success? In: Wuyts S.,

Dekimpe M.G., Gijsbrechts E., Pieters R., The Connected Customer, New York, London 2010, S. 257-282.

Weinberg T.; Social Media Marketingstrategien für Twitter, Facebook & Co, Köln 2010.

Wien A., Internetrecht, 3. Aufl., Wiesbaden 2011

www.facebook.com/press (5.6.2012)

Zerfaß A., Pleil T., (Hrsg.); Handbuch Online-PR, Konstanz 2012.

# Index